I0039361

LE GUIDE

DU

PROPRIÉTAIRE D'ABEILLES,

Par un Curé du Diocèse de Nancy.

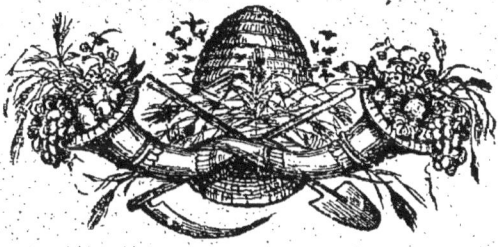

NANCY,

VAGNER, IMPRIMEUR-LIBRAIRE, RUE DU MANÉGE, 3.

—

1857.

LE GUIDE DU PROPRIÉTAIRE D'ABEILLES.

Nancy, imprimerie de Vagner, rue du Manége, 3.

LE GUIDE

DU

PROPRIÉTAIRE D'ABEILLES,

Par un Curé du Diocèse de Nancy.

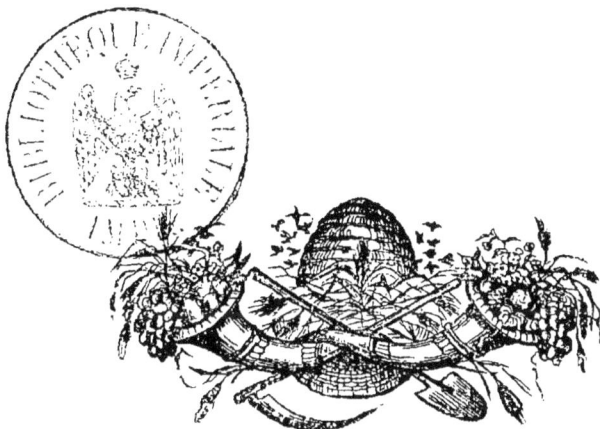

NANCY,

VAGNER, IMPRIMEUR-LIBRAIRE, RUE DU MANÉGE, 5.

—

1857.

AVIS AU LECTEUR.

Le guide du propriétaire d'abeilles est divisé en trois parties bien distinctes : la première est tout entière consacrée aux soins habituels que réclament les abeilles depuis le mois de mars jusqu'au mois de février suivant ; elle s'empare du rucher dès les premiers jours du printemps ; le surveille en quelque sorte jour par jour, en suivant l'ordre des temps, et ne l'abandonne qu'à la fin de l'hiver. C'est la partie la plus importante ; elle suffit à elle seule pour guider l'apiculteur. Elle est exclusivement pratique ; j'ose espérer qu'elle satisfera celui qui ne veut autre chose que tirer le meilleur parti de son rucher.

La seconde partie est purement théorique. C'est l'histoire naturelle de l'abeille ; elle pourra intéresser l'homme qui voudra connaître les mœurs et les habitudes de ce précieux insecte ; elle sera comme un mémoire explicatif, et rendra raison des faits observés dans la première partie.

L'ordre logique semblait exiger qu'on plaçât en tête de

l'ouvrage cette seconde partie; mais comme le plus grand nombre des apiculteurs recherchent avant tout des conseils pour la conduite de leurs abeilles, je leur ai donné ces conseils dès les premières pages. C'est donc uniquement pour leur faciliter les recherches que j'ai interverti l'ordre des choses.

Huber m'a servi de guide pour la seconde partie, et pourquoi ne dirais-je pas que pour plusieurs articles je l'ai copié littéralement? j'ai vérifié presque toutes ses expériences, et j'ai obtenu les mêmes résultats, excepté sur un seul point que j'ai indiqué en son lieu.

Enfin, la troisième partie est un mélange de choses diverses, sans liaison entr'elles, mais se rattachant toutes à la culture des abeilles. Elle nous dira la manière de construire un rucher économique, de manipuler le miel et la cire, elle nous fera connaître la ruche la plus avantageuse, l'instrument à produire la fumée, etc., etc.

Je l'ai placée à la fin de l'ouvrage, parce qu'elle ne devra être consultée que rarement.

J'accueillerai avec plaisir et reconnaissance toutes les observations, toutes les questions qu'on voudra bien me faire sur l'apiculture; en y répondant selon la mesure de mes connaissances, je ferai du moins acte de bonne volonté.

S.-A. COLLIN,
curé de Tomblaine, près de Nancy.

LE GUIDE

DU

PROPRIÉTAIRE D'ABEILLES.

PREMIÈRE PARTIE.

Soins que réclament les Abeilles depuis le mois de Mars
jusqu'au mois de Février.

1. — *Caractères d'une bonne ruche.*

Dans la seconde moitié du mois de mars, profitez du
premier beau jour pour faire l'inventaire de votre rucher.
Soufflez légèrement de la fumée dans la première ruche que
vous voulez examiner ; puis avec un couteau à miel ou un
couteau ordinaire, mais solide, vous la décollez. La ruche
enlevée et placée à terre, sens dessus dessous, on commence
par racler et brosser fortement le plateau que l'on remet
aussitôt à sa place. Cela fait, on s'occupe de la ruche. Après
avoir écarté les abeilles avec la fumée, on coupe tous les
gâteaux moisis. D'un seul coup d'œil, le praticien se rend
compte des provisions et de la population, deux choses
essentielles pour la prospérité future de la ruche. Il ne s'en

tient pas là ; cette ruche, quoique bien peuplée, bien approvisionnée, pourrait encore tromper ses espérances, si la reine était morte pendant l'hiver. Pour s'assurer que ce malheur, qui est rare, n'existe pas, il écarte avec la fumée les abeilles groupées dans le centre, il examine attentivement les gâteaux ; s'il y voit du couvain (109), la ruche est dans un état très-satisfaisant, elle a une reine, une forte population, des gâteaux jaunes plutôt que noirs et des provisions grandement assurées jusqu'au 1er mai. Content de cette visite domiciliaire, il replace la ruche sur son plateau et ne s'en inquiète plus jusqu'à la saison des essaims. Seulement, le soir du même jour ou le lendemain, il fera bien de calfeutrer le joint entre le plateau et la ruche.

2. — *Vieille ruche.*

Après cette revue, qui n'exige que cinq minutes, on passe à une seconde ruche. Celle-ci, comme la première, a une forte population, ses provisions sont suffisantes, elle a du couvain ; mais les gâteaux sont noirs ; les alvéoles, berceau du couvain, se trouvent durcis et en même temps rétrécis par une couche de pellicules stratifiées que les abeilles, en prenant naissance, y ont déposées. Cette ruche pourra vivre encore quelques années, mais elle ne prospérera plus ; ces alvéoles à parois épaisses nuisent au développement du couvain ; les mouches, pendant l'hiver, sont mal à l'aise entre ces gâteaux qu'elles ont peine à échauffer, et qui s'imprègnent d'humidité. Que faire dans ce cas ? — Si la ruche est à hausses, il faut, sans hésiter, supprimer la hausse du bas, dans le cas cependant où il y en aurait plus de deux. Nous verrons, à l'article 26, comment il faudra conduire cette ruche en mai ; voilà tout ce que nous avons à dire pour le moment.

Si, au contraire, il s'agit d'une ruche commune, vous aurez deux partis à prendre : ou la laisser telle qu'elle est,
ne toucher qu'aux rayons moisis, sauf, au mois de juillet, de
tout enlever, miel et cire, et de réunir la population à
une autre population (86) ; ou la rajeunir ; et à cette
fin, coupez tous les rayons horizontalement à une profondeur de dix à douze centimètres, même plus, si tou-
téfois le couvain ne s'y oppose pas. Le travail terminé et
avant de passer à une autre ruche, rassemblez tous les
gâteaux que vous venez d'extraire, et transportez-les à la
maison, de crainte que l'odeur du miel et de la cire n'ex-
cite les abeilles à s'inquiéter entr'elles et à se piller.
Vous vous trouverez bien de cette précaution.

Observation. — Par vieille ruche, il faut entendre celle
dont les gâteaux existent depuis cinq ou six ans au moins :
un essaim de l'année précédente aura une cire d'un jaune
clair dans la partie occupée par les abeilles, et d'un blanc
sale dans les autres parties ; à deux ans, la cire sera d'un
jaune plus foncé ; à trois ans, elle brunira et deviendra
presque noire ; enfin, à six ans, les rayons du centre seront
entièrement noirs. On aura de la peine à les froisser entre
les doigts, on les déchirera plutôt qu'on ne les coupera, car
les pellicules qui en tapissent les alvéoles s'opposent à l'action du couteau. En outre, ils sont beaucoup plus lourds
que ceux d'une date plus récente ; avec un peu d'habitude
et d'expérience, on peut, sans peine, faire cette distinction.

5. — *Ruche dont la population a souffert de l'hiver.*

Passons à une troisième ruche. Celle-ci nous présente un
triste spectacle : les parois intérieures sont humides ; les
rayons eux-mêmes le sont également ; une population affai-

1*

blie occupe à peine quelques gâteaux ; peut-être même les rayons latéraux sont remplis d'abeilles mortes ; du reste, elle a suffisamment de vivres. La seule chose à faire pour le moment, c'est d'enlever les rayons vides, de ne laisser que ceux habités par les abeilles, ou contenant du miel. La citadelle, ainsi restreinte, deviendra plus facile à défendre contre l'invasion de la fausse-teigne, dont nous parlerons à l'article 101. Comme la fausse-teigne n'est à craindre qu'à partir du mois de mai, on peut, à la rigueur, attendre cette époque pour supprimer le superflu des appartements. Quoi qu'il en soit, replacez et n'oubliez pas le soir de calfeutrer.

Si cette ruche est un essaim de l'année précédente, elle peut encore, toute faible qu'elle est, donner un bon panier ; mais autrement, c'est une ruche perdue dont on ne peut tirer parti qu'en la réunissant à une autre. Oublions-la pour le moment ; nous y reviendrons plus tard, nous lui ferons une seconde visite. En attendant, elle est signalée à l'encre noire.

4. — Ruche orpheline.

La quatrième ruche que nous avons à explorer est passablement fournie de miel et d'abeilles ; mais nous cherchons en vain à découvrir quelques traces de couvain, écartons bien les mouches pour pénétrer au fond des gâteaux et découvrir quelque chose qui nous rassure, car le couvain est un indice certain de la présence de la reine. Rien ne vient accuser cette présence. Malgré les justes inquiétudes que doit nous inspirer l'état de cette ruche, ne la condamnons pas sans de nouveaux renseignements ; marquons-la comme la précédente à l'encre noire, elle est fortement soupçonnée d'être orpheline, c'est-à-dire de manquer de reine.

On peut estimer à quatre pour cent le nombre des paniers qui perdent leur reine en hiver.

5. — *Ruche dépourvue de provisions.*

Nous arrivons à la cinquième ruche : elle est bien légère, point ou presque pas de miel. Enfin il faut la nourrir, si on ne veut pas la perdre. Elle est passablement peuplée ; c'est une colonie laborieuse qui vous demande à lui faire des avances ; elle vous les rendra plus tard avec de gros intérêts, vos prêts vous enrichiront. Elle ne vous demande que son pain quotidien. Donnez-lui quelque chose de mieux ; prévenez ses besoins ; donnez-lui en abondance, elle n'abusera pas de vos dons ; il ne lui manque pour prospérer qu'un peu de miel, hâtez-vous de le lui donner. Notez cette ruche et toutes celles qui sont dans le même cas. Replacez-la sur le plateau sans la calfeutrer.

6. — *Ruche dont les abeilles sont mourantes.*

Une sixième ruche se présente à notre examen ; au dedans, au dehors, il n'y a ni bruit ni mouvement. Aucune abeille n'en sort, aucune n'y rentre. Soulevez cette ruche, les habitants sont morts ou du moins paraissent l'être. Les uns sont tombés sur le plateau ; les autres, aussi sans mouvement, sont retenus entre les rayons ; quelques-uns, peut-être, donnent encore signe de vie, hâtez-vous de leur venir en aide. Si leurs formes extérieures ne vous paraissent pas altérées, si la trompe se trouve repliée sous les mandibules, si l'abdomen n'est pas raccourci et comme replié sur lui-même, les abeilles ne sont qu'engourdies par le froid et la faim. Le principe de la vie existe encore, il ne faut que le ranimer par l'action simultanée de la chaleur et de la nourriture. Il ne vous restera plus aucun doute si, réunissant dans le creux de la main et réchauffant au souffle de votre haleine une vingtaine de vos abeilles, vous les voyez quelques minutes après remuer faiblement leurs pattes ou leurs antennes. Jetez aussitôt dans la ruche les abeilles tombées sur le plateau, enveloppez-la d'une serviette pour les retenir prisonnières, et portez-la dans une chambre bien chaude auprès d'un feu modéré. Quand les abeilles commencent à se réveiller, la ruche étant placée sens dessus dessous, on répand sur la serviette qui l'enveloppe deux ou trois cuillerées de miel liquide. Les abeilles viennent sucer à travers le tissu. Bientôt des milliers de trompes s'empressent de recueillir la manne du désert. On peut leur distribuer ainsi, et par intervalles, de cent à deux cents grammes de miel. Le soir du même jour, le panier sera porté au rucher, sur son plateau et dans sa position ordinaire, mais toujours enveloppé de la serviette. Une petite cale le tiendra soulevé au-dessus du plateau pour la circulation de l'air. Le froid de la nuit fera remonter les abeilles dans les gâteaux et le matin, après avoir enfumé à travers la serviette, on enlèvera celle-ci sans difficulté. J'ai sauvé de la sorte plus de dix paniers. N'espérez pas, toutefois, rappeler à la vie toute la population ; soyez heureux si vous en sauvez la moitié ou les deux tiers. Lorsque l'engourdissement ne date que d'un jour, le chiffre des morts se réduit à peu de chose. Plusieurs ruches, ainsi ravivées, ont donné des essaims la même année.

7. — *Ruche abandonnée.*

Voici une autre ruche qui va nous intriguer : il y a du miel, mais la maison est déserte ; on trouve seulement quelques centaines d'abeilles, étendues sans vie sur le plateau. Pourquoi cette solitude ? A quelle cause l'attribuer ? C'est tout simplement une ruche qui s'est trouvée orpheline à l'automne (4) ; alors les abeilles, ou l'ont abandonnée, ou,

se trouvant en trop petit nombre pour maintenir une température convenable, sont mortes pendant les froids de l'hiver. On peut donner le miel qu'elle renferme à d'autres
ruches nécessiteuses ; et si aucune n'est dans le besoin, et
que le miel en vaille la peine, après avoir retranché toutes
les portions de gâteaux vides, on porte cette ruche à la cave,
afin de la conserver à l'abri de la fausse-teigne, jusqu'à ce
qu'on ait un essaim à y loger.

8. — *Peuplade morte de froid.*

Les sept paniers que nous venons de passer en revue
représentent tous les cas, toutes les circonstances que l'on
peut rencontrer dans un rucher au printemps ; il sera facile
à chacun de comparer et de juger. Aux sept tableaux que
je viens d'exposer, on pourrait en ajouter un huitième.
L'hiver de 1829 à 1850 a été très-long et très-rigoureux ;
beaucoup de ruches, même très-lourdes, ont été dépeuplées
par le froid et la faim. Voici comment : Les abeilles, après
avoir consommé tout le miel contenu dans les rayons
qu'elles occupaient, se sont trouvées dans l'impossibilité, à
cause de la violence et de la durée du froid, d'aller occuper
ceux qui étaient remplis de miel. Ainsi, au centre de la
ruche, pas une goutte de miel ; les abeilles y étaient mortes
dans les alvéoles et entre les gâteaux vides ; tandis que pas
une seule mouche ne se trouvait dans ceux de côté, qui
étaient remplis de miel. Pour la ruche que j'ai placée sous
le n° 5, on devra attribuer la perte d'une bonne partie de
sa population, tantôt à la cause que je viens d'indiquer,
tantôt à la vétusté des rayons.

9. — *Retrancher des hausses aux ruches.*

Il va sans dire qu'on ne touche pas aux ruches composées
de deux hausses seulement ; on ne fait qu'en retrancher

les portions de gâteaux moisis ; il n'est donc question ici que des ruches à trois ou à quatre hausses. Pour les paniers à quatre hausses, on supprime la quatrième, c'est-à-dire, celle du bas. Si on allait au-delà, on endommagerait le couvain. Cependant, si la ruche était faible en population, et si elle n'avait presque pas de couvain dans la hausse suivante, il faudrait encore supprimer celle-ci.

Voici ce qu'on a à faire pour les ruches à trois hausses. On ne touche pas à celles que l'on destine à produire du miel ou des essaims naturels, mais on supprime la troisième hausse : 1° de toutes celles dont les gâteaux auront plus de cinq ans, et qu'on voudra renouveler (26) ; 2° de celles dont on voudra tirer des essaims artificiels (65) ; 3° enfin de toutes celles qui paraîtront médiocrement peuplées. Quand on dit qu'il faut retrancher une hausse aux ruches qui en ont trois, et qui sont classées dans les trois cas précédents, on suppose toujours qu'on ne touche pas au couvain de manière à l'endommager notablement. Retrancher deux ou trois cents cellules remplies de couvain me paraît un dommage considérable à cette époque de l'année.

10. — *Récolte de la cire au printemps.*

Plusieurs auteurs conseillent de faire une récolte de cire au printemps ; on devrait, suivant eux, couper une grande partie des gâteaux où il n'y aurait ni miel ni couvain. C'est une récolte, disent-ils, qui ne manque jamais, et dont on peut tirer un assez grand profit.

Il y a beaucoup à dire pour et contre cette méthode. Avec les ruches d'une seule pièce, c'est-à-dire les ruches communes, je la crois presque toujours nuisible, excepté pour le cas spécifié sous le n° 2, car si la ruche est petite, ne jaugeant, par exemple, qu'une vingtaine de litres, pour peu qu'on touche aux gâteaux, les abeilles seront à découvert et les froids d'avril les feront souffrir. Si, au contraire, la ruche est d'une plus grande capacité, on pourra, sans doute, enlever un tiers de la cire, mais ce retranchement notable retardera l'essaimage; et puis, comme c'est avec le miel que les abeilles composent la cire (153), je doute qu'il y ait profit à opérer cette transformation. Je suppose deux ruches passablement grandes, ayant la même population, le même poids, le même âge; je maintiens que celle à laquelle on aura retranché un tiers de la cire, essaimera plus tard que l'autre. Du moins la chose arrivera trois fois sur quatre.

Quant aux ruches à hausses, si je conseille de supprimer, dans certains cas, une et même deux hausses, ce n'est pas avec l'intention de faire une récolte de cire, mais pour des motifs divers, selon le parti qu'on veut tirer d'une ruche.

11. — *Pourquoi la première visite en mars.*

On doit visiter son rucher dans la seconde moitié du mois de mars pour deux raisons : la première, c'est que l'on connaîtra tous les paniers légers qui auront besoin de miel; la deuxième, c'est qu'à cette époque, le couvain, peu nombreux, n'occupant qu'une faible partie du centre de la ruche, il sera facile de retrancher tous les rayons vieux à dix ou douze centimètres de profondeur, et d'enlever la troisième hausse. Pour peu qu'on attendrait, le couvain remplirait toute l'étendue des rayons, ce qui rendrait l'opération impossible. Il est bien entendu que s'il n'y a pas de beaux jours en mars, on attendra le mois d'avril. Lorsque vous n'avez rien à retrancher de vos ruches, et que vous êtes sûr qu'elles ont des provisions suffisantes, rien ne vous presse, et vous êtes libre de les visiter quand bon vous semblera.

On peut se dispenser de la première visite du printemps. Les abeilles savent bien se débarrasser de tout ce qui les gêne ou leur nuit : elles sortent les morts ; elles emportent la cire émiettée qui recouvre le plateau ; elles nettoient les cellules remplies de vieux pollen ; en un mot, elles savent sans le secours de personne approprier leur domicile. Quelques beaux jours suffisent pour cette besogne.

J'ai fait des expériences qui ne me laissent aucun doute à cet égard. Ainsi, depuis dix ans, un de mes ruchers n'a jamais reçu la première visite du printemps, et je ne me suis jamais aperçu qu'il en souffrît. Je me contente de supprimer quelques hausses, de dédoubler les ruches qui ont été réunies à l'automne, et de peser celles dont les provisions paraissent douteuses. Quant aux autres, je ne m'en occupe qu'à la fin d'avril ou au commencement de mai, pour leur donner les soins communs que leur état ou la saison réclame.

12. — *Miel nécessaire pour mars et avril.*

Maintenant, que notre inspection générale est faite, rendons-nous compte de nos impressions. Nous avons visité un grand nombre de familles : les unes dans la joie et l'abondance ; les autres dans le deuil et la tristesse ; d'autres enfin dans l'indigence, mais une indigence honnête, qui n'est la suite ni de la prodigalité ni du vice. La secourir au plus vite, c'est une bonne action. Chacun y trouvera son profit. Notre libéralité ne doit avoir d'autres bornes que celles des besoins. Voici les règles que nous suivrons à cet égard. Une ruche, ayant deux kilogrammes de miel en magasin au 20 mars, peut, avec ses propres ressources, vivre jusqu'au 1er mai. Cependant, si la fin de mars et le commencement d'avril présentent de belles journées qui permettent aux abeilles d'amasser du pollen, la ponte prendra un grand développement; il faudra beaucoup de miel pour nourrir un nombreux couvain. Dans ce cas, trois kilogrammes de miel me paraissent nécessaires pour les deux mois de mars et d'avril. Les mouches que l'on nourrit, consomment plus que celles qui ont leurs provisions. Ainsi, ne craignons pas de donner à une ruche bien peuplée cinq hectogrammes de nourriture tous les huit jours. Je ne sais à quoi tient cette différence dans la consommation. Le miel qu'on donne provoque-t-il la ponte et par suite l'augmentaion du couvain? La reine, trompée par les apparences, se croit-elle en pleine saison de miel?

13. — *Estimer le miel d'une ruche.*

Ce n'est pas chose bien difficile que d'estimer au printemps le miel d'une ruche. Connaissant le poids du panier vide, ajoutez-y un kilogramme pour les abeilles, un ou deux pour la cire, suivant que la ruche est plus ou moins grande, ou la cire plus ou moins vieille.

Pour plus de précision et pour être mieux compris, je vais mettre en tableau le poids de deux ruches d'âges différents. Je suppose que la pesée se fasse en mars; à cette époque, il y a peu de couvain.

Essaim de l'année précédente.

Poids brut...........................		8k,500
Ruche vide......................	2,500	
Abeilles.......................	1,000	4,500
Gâteaux.......................	500	
Couvain, environ................	300	
Reste, miel........................		4,000

Ruche à vieux gâteaux.

Poids brut.		8^k,300
Ruche vide.	2,500	
Abeilles.	1,000	
Gâteaux.	1,000	4,800
Couvain, environ.	300	
Reste, miel.		3,500

Le poids des abeilles, que je porte à un kilogramme, suppose une bonne population au printemps.

Mes paniers, qui pèsent vides deux kilogrammes cinq cents grammes, jaugent dix-huit litres environ. Si les ruches sont plus grandes, on doit augmenter proportionnellement le poids des gâteaux. En réalité, il n'y a pas plus de cire dans la vieille ruche que dans l'essaim, quoique e poids en soit bien différent. Les cellules qui ont servi longtemps de berceau aux abeilles, sont tapissées d'une couche épaisse de pellicules que chaque nymphe y a déposées ; ces vieilles cellules peuvent encore renfermer du pollen durci par les années ; c'est ce qui rend les vieux gâteaux deux e trois fois plus lourds que les nouveaux.

Pour la pesée des ruches, on emploiera la balance à res sort appelée peson. Voir l'article 80.

14. — *Comment on doit nourrir les abeilles.*

La pesée que vous avez faite, vous a renseigné sur la quan tité de miel qu'il faut à chacune de vos ruches nécessiteuses Je vais à l'instant vous indiquer les différentes manières de la leur présenter. Vous n'aurez que l'embarras du choix.

Premier mode. — Etendez sur une feuille de papier une couche de miel figé, de sept à huit millimètres d'épaisseur, et glissez-la sous la partie de la ruche occupée par les abeilles. Ce premier mode serait trop long et trop ennuyeux pour les familles auxquelles vous avez à donner une certaine quantité de nourriture.

Deuxième mode. — Rognez à trois centimètres tous les gâteaux de la ruche. Faites fondre le miel en y ajoutant un huitième d'eau ou de vin pour le conserver à l'état liquide ; laissez-le s'attiédir ; après l'avoir versé dans une assiette, couvrez-le légèrement de cire brute, émiettée, ou de petits brins de paille ; enfin, placez sous les gâteaux votre assiettée de miel qu'une forte population vous emmagasinera en une seule nuit.

Troisième mode. — Pratiquez au milieu d'un plateau une ouverture circulaire à bord évasé, et de dimension telle qu'on puisse y loger un plat qui affleure par le dessus avec le plateau. Vous devinez maintenant comment vous allez assister vos protégées. Après avoir mis le plat dans sa case, vous le remplissez de miel, puis, vous le placez sous la ruche, sans que vous ayez besoin de toucher en rien aux gâteaux. Le miel sera préparé et recouvert comme dans le deuxième mode, et vous pourrez en donner jusqu'à quinze hectogrammes à la fois. Une forte population emmagasinera le tout dans l'espace de vingt-quatre heures.

Quatrième mode. — Donnez à la ruche une hausse vide, placez-y un plat de miel, et rapprochez-le des abeilles le plus près possible, en l'exhaussant sur des planchettes ou tout autre objet. Si vous avez des gâteaux vides, vous pouvez les remplir de miel et les disposer sur le plat de manière qu'ils touchent ceux de la ruche.

Cinquième et dernier mode. — Pour les ruches à hausses, le moyen le plus simple, quand on a du miel en rayons, c'est de le placer par-dessus le couvercle de la ruche, et de le recouvrir d'un chapeau (164). On peut ainsi, d'une seule fois,

donner tout l'approvisionnement. Les abeilles n'y touche-
ront qu'au fur et à mesure de leurs besoins. On attendra
qu'il n'y ait plus rien dans les rayons pour les enlever. En
calfeutrant le chapeau, on prévient tout danger de pillage.

· Ce dernier mode est préférable à tous les autres, il a le
grand avantage de ne déranger ni les ruches ni les abeilles.

Observation. — Vous remarquez une population qui
semble dédaigner le miel que vous lui présentez ; elle met
beaucoup de lenteur à le transporter dans ses magasins.
Quand pareille chose arrive, c'est que le froid est bien vif
ou la famille bien réduite ; sans une cause de ce genre,
jamais les abeilles ne sont indifférentes au miel.

Du sucre dissous dans de l'eau pure ou mélangée d'un
peu de vin, peut remplacer le miel. J'ai fait usage de ce
sirop pendant le mois d'avril sans dommage appréciable
pour les abeilles. Consultez l'article 152.

15. — *Le moment de donner le miel aux ruches.*

Présenter le miel aux ruches par un beau soleil, c'est les
exposer au pillage ; le donner dans le milieu de la journée,
par un temps froid ou pluvieux, c'est un autre inconvénient :
la famille s'émeut de joie, une partie s'échappe dans les airs,
et je soupçonne fort que les aventurières ne rentrent pas
toutes à la maison. Il faut donc attendre jusqu'au coucher
du soleil pour ravitailler les ruches. On doit placer le miel
le plus près possible des abeilles, le mettre, qu'on me passe
l'expression, sous leur nez, et de façon qu'il touche les
gâteaux. On rétrécit ensuite la porte, on calfeutre partout,
et cela afin de concentrer la chaleur intérieure et de prévenir toute tentative de pillage pour le lendemain.

Recommandation. — Ne touchez jamais aux ruches avant
d'y avoir soufflé quelques bouffées de fumée. Vous prévien-

drez par là la colère des abeilles, et vous maintiendrez le calme dans la famille. Ainsi, soit que vous placiez, soit que vous retiriez le vase à miel, faites-vous précéder de la fumée. C'est un ambassadeur qui réussit toujours à négocier une paix honorable pour les parties.

Ne laissez traîner auprès du rucher rien qui rappelle le miel. Au printemps comme à l'automne, pour peu que vous excitiez la convoitise des abeilles par quelques gouttes de leur mets bien aimé, gouttes qui seraient restées dans les gâteaux ou sur les assiettes, elles s'y abattent avec une sorte de frénésie et de là vont porter l'inquiétude, le trouble et la guerre dans tout le rucher (89). Portez donc à la maison assiettes et gâteaux, après en avoir chassé les mouches qui pourraient s'y trouver.

16. — *Quand faut-il cesser de nourrir les abeilles?*

On doit assurer les vivres jusqu'au 1er mai. Voilà la règle, cependant cette époque ne peut être fixée comme première et dernière limite. Supposez des pluies ou des froids continus pendant les mois d'avril et de mai, il est évident que les abeilles auront besoin de votre assistance pendant ces deux mois de pluie et de froid. J'ai vu des ruches périr de faim dans le mois de juin. Si le mois d'avril se présente bien et qu'il fasse chaud, les abeilles, au lieu de consommer leurs provisions, les augmenteront. Mon opinion, basée sur l'expérience, c'est que les abeilles, avant les premiers jours de mai, amassent rarement assez de miel pour se suffire, et qu'après cette époque, elles ont rarement besoin de notre assistance. Pour être bien compris et pour n'induire personne en erreur, je dois avertir que mes observations ont été faites dans un pays agricole où l'on cultive le colza, où l'on rencontre des vergers couverts

de cerisiers et de pruniers, dont les abeilles affectionnent
particulièrement la fleur. Dans les années ordinaires, ces
fleurs se succèdent depuis le 15 avril jusqu'au 15 mai.
Dans les montagnes et dans les pays froids, il faut assurer
les provisions jusqu'en juin.

17. — *Deuxième visite du printemps.*

La seconde visite du printemps n'a d'autre but que d'examiner de près, les quelques ruches qu'on a pu marquer à
l'encre noire, et qui sont désignées sous les n⁰ˢ 3 et 4. Cette
visite se fera du 15 au 30 avril. Il faut, avant de la faire, que
ce mois ait fourni au moins huit jours de beau temps et de
travail pour les abeilles, sinon on attendra au mois de mai.
Pourquoi cette condition de huit jours de beau temps ?
C'est qu'alors les abeilles en auront profité pour multiplier
le couvain et le proportionner à la population, et que tous
les paniers ayant une reine auront aussi du couvain. Pour
cette visite, choisissez une belle journée, un beau soleil
depuis dix heures du matin jusqu'à trois heures du soir.
C'est le moment de la plus grande activité.

18. — *Ruche de 1ᵉʳ, de 2ᵉ et de 3ᵉ ordre.*

Pour faire mieux comprendre l'état des ruches malheureuses que nous allons visiter, nous jetterons préalablement
un coup d'œil rapide sur le rucher ; nous étudierons en
quelque sorte la physionomie de chaque ruche. Examinez
attentivement l'entrée de la première : le passage suffit à
peine, tant est grand le nombre des ouvrières qui reviennent des champs et qui y retournent. Dans une minute, on
peut compter jusqu'à une trentaine d'abeilles, chargées de
pollen, qui se hâtent de rentrer dans la ruche. Au milieu
de ce mouvement d'entrée et de sortie, on remarque de
quinze à vingt abeilles placées tantôt de file, tantôt

de front, comme des tambours placés en tête d'un bataillon. On les voit cramponnées au plateau, la tête baissée, l'abdomen en l'air, agitant vivement les ailes : Ces abeilles sont en bruissement, elles font l'office de ventilateur, elles renouvellent l'air de la ruche. Tous ces signes indiquent une ruche de premier ordre, inutile d'y toucher.

La seconde est moins animée. Les abeilles qui sont en bruissement, celles qui reviennent chargées de pollen sont moins nombreuses. De ses dernières on ne compte qu'une vingtaine à la minute, mais c'est un mouvement régulier et continu d'entrée et de sortie. Ne touchez pas encore à cette ruche, elle essaimera si l'année est favorable.

En voici une troisième, encore moins animée que la précédente. A l'entrée, trois ou quatre abeilles sont en bruissement, huit ou dix seulement rentrent chargées dans l'espace d'une minute. Si c'est un essaim de l'année précédente, cette ruche prospérera d'une manière remarquable ; elle ne fournira pas d'essaim, mais à l'automne on la comptera très-probablement au nombre des meilleurs paniers. Si, au contraire, les gâteaux sont anciens, on ne pourra pas beaucoup espérer de son avenir. Du reste, qu'on soit sans inquiétude sur la présence de la reine. Je suis encore d'avis de ne pas toucher à cette troisième ruche.

19. — *Ruche sans valeur.*

Vient ensuite une quatrième. Quelques rares abeilles montant la garde, deux ou trois en bruissement, quatre ou cinq à la minute rentrant avec du pollen, voilà le triste spectacle qu'elle nous présente. Selon toute apparence, elle a une reine, mais que peut faire un général sans soldats ? Examinez l'intérieur de cette ruche ; si vous y trouvez du couvain et s'il vous plaît de vouloir la conserver, coupez tous les rayons qui ne sont ni occupés par les abeilles, ni remplis de miel ; la garde sera plus facile et la ruche sera moins exposée aux attaques de la fausse-teigne (101). Mais si vous en croyez les conseils de l'expérience, je vous dirai tout simplement que cette ruche doit être réunie à une voisine, et cela le jour même.

20. — *Ruche orpheline qu'il faut réunir.*

Enfin nous arrivons à une dernière ruche. Elle a passablement d'abeilles à l'entrée, cependant tout, à l'extérieur, paraît triste et désœuvré. De loin en loin une ouvrière sort, une autre chargée de pollen rentre ; l'une et l'autre semblent hésiter pour sortir ou pour rentrer ; une ou deux abeilles essaient de faire le bruissement ; c'est un bruissement qui paraît les fatiguer et les ennuyer, car il est souvent interrompu ; voilà la physionomie d'une ruche orpheline. Visitez l'intérieur, regardez jusqu'au fond de la ruche, coupez quelques gâteaux du centre, à une profondeur de quinze centimètres, examinez-les de près, regardez dans le fond des cellules ; si vous n'y découvrez pas des œufs ou des vers d'abeilles ouvrières, vous pouvez avoir la certitude que la ruche manque de reine. Il peut arriver que cette ruche n'ait pas de couvain d'ouvrières, mais qu'elle en ait de faux bourdons, le mal est également irréparable, car ce sont des ouvrières fécondes (118) ou des reines bâtardes (117) qui produisent ce couvain, elles n'en produisent jamais d'autre.

Une ruche qui n'a point de couvain d'ouvrières en avril, doit être réunie à une autre. N'essayez pas de lui procurer une reine (116), ce serait souvent peine perdue ; et si par hasard vous y réussissiez, il serait encore très-douteux que cette ruche pût se repeupler pour la saison du miel. Mais alors, une moissonneuse après la moisson est-elle bien utile ?

21. — *Réunion en avril des ruches sans valeur.*

On ne doit supprimer au printemps que des ruches qui, quoique ayant une reine, ne forment qu'une très-faible population, et les ruches orphelines, lesquelles ordinairement sont peu peuplées. L'opération est très-simple. On choisira un beau temps et un moment de la journée où les ouvrières vont à la campagne. Après avoir enfumé modérément la ruche à supprimer, on la secoue légèrement contre terre, quelques abeilles tombent; on secoue de nouveau, d'autres abeilles tombent encore; enfin, on secoue successivement et plus fortement, jusqu'à ce qu'il n'en reste plus. Si, malgré ces secousses répétées, il reste encore quelques abeilles, on enlève les gâteaux qui les retiennent. Les abeilles se relèvent, retournent à leur place, et ne trouvant plus leur ruche, elles entrent sans beaucoup de cérémonie dans les ruches voisines où elles sont reçues sans difficulté. Quand la ruche est un essaim d'un ou de deux ans, et quand surtout elle a du miel, on fera bien de la conserver à la cave pour y loger un premier essaim. On prendra alors plus de précautions dans la chasse aux abeilles, afin de ne pas détacher les gâteaux. On peut secouer la ruche avec ses bras sans donner contre terre. Lorsque la ruche orpheline est à hausses, si la population est encore passable, au lieu d'en chasser les abeilles, comme nous venons de le voir, j'aimerais mieux la réunir à une autre ruche faible; dans ce cas, la réunion se fait le soir, après la rentrée des abeilles; on enfume les deux ruches jusqu'à bruissement (148), on porte ensuite l'orpheline sur la ruche faible dont on a débouché le trou du couvercle; on calfeutre soigneusement afin que les abeilles du haut ne puissent sortir qu'en traversant la ruche inférieure. La réunion se fera d'autant mieux que les deux familles se mettront plus tôt en communication ; il faut donc qu'elles soient rapprochées le plus possible, et pour cela, s'il en est besoin, on placera sur le couvercle de la ruche inférieure un petit gâteau qui devra toucher ceux de la ruche supérieure, et qui servira d'échelle pour communiquer de l'une à l'autre.

Les choses resteront dans cet état jusqu'au moment de la récolte du miel ; cependant si les abeilles, trop peu nombreuses pour occuper les deux ruches, en abandonnaient une, il faudrait enlever celle-ci, parce qu'elle finirait par devenir la proie de la fausse-teigne.

22. — *Porte des ruches plus ou moins avantageuse.*

C'est par la porte d'entrée que les abeilles respirent, et que l'air se renouvelle ; si donc les gâteaux de la ruche se trouvent en travers, et barrent en quelque sorte le passage de l'air, les abeilles en souffriront : en hiver la mortalité sera plus grande, et en été le couvain prospérera moins bien. Il est à remarquer que le couvain et le gros des abeilles se trouvent plutôt en avant que par derrière ou de côté. Vous vous étonnez quelquefois que certaines de vos ruches, quoique bien peuplées, n'essaiment jamais ou bien rarement ; cela tient souvent à la direction des gâteaux relativement à la porte d'entrée. Comparez ces gâteaux avec ceux de vos ruches qui essaiment souvent, et vous verrez que dans ces dernières, les gâteaux, au lieu d'être placés en travers de la porte, vont au contraire d'avant en arrière. Avec cette disposition, l'air rencontre moins d'obstacle pour pénétrer dans l'intérieur, puisque chaque galerie vient aboutir sur le devant. Si la porte est entaillée dans le plateau, il sera facile de placer la ruche de manière que les gâteaux aient la position indiquée ; pour cela, il suffira de faire faire un quart de tour à la ruche. Mais si l'entrée est pratiquée dans la ruche, il faut en faire une autre dans la direction des gâteaux, et boucher l'ancienne.

23. — *Abeilles noires et grises.*

Chaque année, au printemps, on peut remarquer dans quelques ruches des abeilles qui se font tuer à l'entrée des ruches. Ces mouches sont mal conformées, elles ont ordinairement une teinte noire, quelquefois grise, qui les fait distinguer des autres abeilles. Je dis ordinairement, car il est, parfois, impossible de remarquer aucune différence extérieure. Expulsées de leur propre famille, ces mouches voltigent de ruche en ruche, à la façon des pillardes ; et repoussées partout, elles reviennent enfin à leur ruche natale, où elles trouvent une mort certaine de la part de leurs sœurs. On reconnaît facilement le panier qui les produit : à l'entrée de ce panier, les abeilles sont inquiètes et se harcèlent, le nombre des gardes est doublé, vous en voyez qui semblent vouloir arracher à d'autres les ailes et les pattes. Le soir, vous trouvez en avant de la ruche quelques-unes de ces abeilles tombées à terre ; le lendemain, vous en voyez d'autres sans vie à l'entrée de la ruche ; elles ont reçu le coup mortel dans l'intérieur, pendant la nuit. L'apparition de ces abeilles n'a lieu que jusqu'à la saison des essaims, et malheur aux ruches qui les fournissent, car elles n'essaiment pas, si le nombre de ces mouches bâtardes est trop grand.

Origine des abeilles noires. — Je crois pouvoir attribuer à la température l'existence des abeilles noires, et voici sur quoi je me fonde : En 1839, presque toutes les ruches du pays étaient infestées, dans des proportions différentes, de ces abeilles noires et grises ; pendant le jour, le devant des ruches était comme un champ de bataille jonché de morts et de mourants. Je ne comprenais rien à cette guerre fratricide. Tous les ruchers se trouvant dans le même état, cela devait provenir d'une cause générale, mais quelle était cette cause ? Je me sùis souvenu que le 15 et le 16 avril, il avait fait très-chaud pour la saison ; que les abeilles avaient beaucoup travaillé ces deux jours, et qu'après, il avait fait très-froid jusqu'au 29. Alors je me suis dit : La reine a dû pondre beaucoup pendant ces deux jours ; le froid venant ensuite, les abeilles n'ont pu maintenir le degré de chaleur nécessaire au développement régulier du couvain ; celui-ci a donc souffert pendant son incubation qui dure vingt jours ; et en effet, c'est vingt-trois jours après, c'est-à-dire le 8 mai, que les abeilles noires se sont montrées.

Une autre preuve, c'est que, des deux paniers de mon rucher qui produisaient le plus de ces mouches noires, l'un donnait entrée à l'air extérieur, par une petite ouverture que j'avais négligé de boucher ; elle se trouvait par derrière et à mi-hauteur ; l'autre était un panier à vieille cire, que je voulais rajeunir, et dont j'avais rogné une grande partie des gâteaux. J'estime que ces deux paniers ont perdu le quart de leur population ; ils paraissaient tous deux au pillage, et malgré mon habitude des abeilles, j'ai eu besoin de les peser tous les jours, pour m'assurer qu'ils n'étaient point pillés.

Une troisième preuve, c'est que depuis le 11 mai jusqu'au 17, il a fait encore froid pour la saison, et que vingt-trois jours après, il y a eu nouvelle apparition de mouches bâtardes, mais en moins grande quantité. Les ruches très-fortes et bien fermées n'en ont presque point fourni.

24. — *Emigration des abeilles.*

Sur la fin d'avril et quelquefois en mai, il peut arriver que les mouches, par un beau soleil, abandonnent leur ruche toutes ensemble, et se jettent dans une autre ruche, ou bien qu'elles se réunissent sur une branche d'arbre. Cet accident n'a lieu que pour les ruches dépourvues de provisions ; c'est la nécessité qui force ces pauvres abeilles à émigrer. Quand elles se fixent contre un arbre, et qu'elles sont encore en grand nombre, on les recueille en les faisant rentrer dans la ruche qu'elles ont abandonnée, et on les nourrit le soir même. Le plus sûr, si elles sont peu nombreuses, c'est de les recueillir dans une ruche vide, et de les réunir à une autre ruche. Consultez à cet égard l'article qui traite de la réunion des essaims (44).

25. — *Soins à donner aux ruches avant l'essaimage.*

Trois semaines avant l'époque présumée de l'essaimage, c'est-à-dire du 1er au 10 mai, on doit prendre un soin tout particulier de son rucher. C'est le moment de faire ses dispositions, soit pour renouveler les vieilles ruches, soit pour empêcher l'essaimage des unes, soit enfin pour préparer les autres à fournir des essaims naturels ou artificiels. Notre conduite se conformera aux résultats que nous voudrons obtenir.

26. — *Méthode pour rajeunir les ruches à hausses.*

Avec la méthode suivante, on renouvellera une vieille ruche dans le courant d'une campagne, pourvu qu'elle soit bien peuplée et que l'année soit passablement bonne. On a dû retrancher en mars, la troisième hausse à toutes les ruches qu'on avait l'intention de renouveler (9) ; nous n'avons donc plus affaire qu'à des ruches composées de deux hausses seulement ; nous sommes au commencement de mai, au moment de la plus grande activité des abeilles. Nous voici à l'œuvre. On débouche l'ouverture du couvercle de la ruche à rajeunir, et on place un chapeau par-dessus (164) ;

par le couvercle de celui-ci, on fait passer un petit bâton
de la grosseur d'un doigt, long de douze centimètres, qui
descend verticalement sur le couvercle de la ruche, et qui
est maintenu à son sommet dans le trou du chapeau. L'opération est terminée. Le petit bâton sera pour les abeilles,
une échelle dont elles profiteront bientôt, pour aller s'établir
de la ruche dans le chapeau et y travailler; sans cette précaution elles n'y monteraient que plus tard, souvent même
elles essaimeraient avant d'y avoir bâti, et alors le but serait
manqué. Dès que le chapeau sera rempli de gâteaux, on
placera une hausse par-dessous, et alors il deviendra une
véritable ruche. Lorsqu'on ajoute la hausse au chapeau, il
y a déja du couvain dans celui-ci, du moins c'est le cas le
plus ordinaire; la reine, sans abandonner l'ancienne ruche,
continue à pondre dans la nouvelle; d'un autre côté, tout le
nouveau miel que les ouvrières récolteront, sera emmagasiné
dans la ruche supérieure, laquelle deviendra en tout semblable à un essaim de l'année. Quand les choses en seront
arrivées là, c'est-à-dire lorsque la ruche supérieure sera
pleine, il sera important de lui ménager un passage extérieur, et pour cela, il suffit de la soulever un peu par
le devant, au moyen de deux petites cales et de calfeutrer où besoin sera. Avec cette ouverture qui lui donnera de l'air, la reine se décidera plus volontiers à abandonner l'ancienne ruche; elle sera suivie par la masse des
abeilles qui se groupe toujours là où se trouve la reine. Les
ruches resteront dans cet état jusqu'au printemps; ce sera
alors le moment d'enlever l'ancienne ruche qui n'aura que
peu de miel, peut-être point du tout, car, à moins que le
froid ne s'y oppose, les abeilles vivront du miel de la ruche
inférieure, avant de toucher à celui de la ruche supérieure.

Les choses ne se passeront pas toujours comme nous

venons de le dire; dans les années mauvaises, la ruche supérieure ne se remplira pas, et dans les très-bonnes, elle ne suffira pas; nous allons donner notre avis sur l'un et l'autre cas. Si la ruche supérieure n'est qu'à moitié pleine, on retranche la hausse en septembre, et on replace le chapeau sur la ruche inférieure; c'est une avance pour l'année suivante, et au mois de mai on remet la hausse sous le chapeau. Mais la ruche supérieure est pleine aux trois quarts; elle contient quatre ou cinq kilogrammes de miel; dans ce cas, on enlève en septembre, avec un fil de fer, le couvercle de l'ancienne ruche; puis on remet la ruche supérieure pardessus. Au mois de mars, il n'y aura plus de miel dans l'ancienne, et on pourra supprimer au moins la hausse du bas; l'autre hausse, s'il y avait du couvain, resterait encore et serait supprimée au printemps suivant. Lorsque l'année sera très-abondante en miel, la ruche supérieure ne suffira pas; dès qu'elle pèsera treize ou quatorze kilogrammes, on lui donnera une troisième hausse; il serait fort inutile de la lui donner si la récolte tirait à sa fin.

Il est rare que les ruches médiocrement peuplées, puissent être renouvelées la première année; en voici la raison : Le couvain y est peu abondant, surtout celui des faux-bourdons; les abeilles n'éprouvent pas le besoin de s'étendre; elles ont de quoi loger leurs provisions d'hiver, même dans une petite ruche à deux hausses; et quand enfin, elles se décideront à construire quelques gâteaux dans le chapeau, ce sera pour y emmagasiner un petit excédant de miel. On doit alors laisser sur la ruche le chapeau, quoique à demi rempli; c'est une avance pour l'année suivante.

27. — *Empêcher certaines ruches d'essaimer.*

Il n'y a que les ruches très-peuplées au printemps, qui

puissent essaimer avantageusement ; pour toutes les autres, on se contentera d'en espérer du miel, et de diriger tous ses soins vers ce but. On peut hardiment estimer à moitié, le nombre de ces ruches qu'on doit destiner à fournir du miel, et empêcher d'essaimer. En général, on empêche les essaims, en agrandissant à temps l'habitation des abeilles ; le moyen n'est pas infaillible, mais il réussira au moins quatre fois sur cinq. Trois semaines avant l'époque présumée des essaims, on ajoutera une hausse sous toutes les ruches fortes, qui ne sont composées que de deux hausses, et qu'on destine à donner du miel. La hausse se remplit quelquefois dans l'espace de huit ou dix jours. Quand elle est pleine de gâteaux aux trois quarts, on met un chapeau sur la ruche ; sans oublier le petit bâton du numéro précédent, pour inviter les abeilles à monter. Voilà donc notre ruche composée de trois hausses et d'un chapeau. Les hausses suffiront pour loger le couvain et les provisions d'hiver, le chapeau servira de magasin pour l'excédant ; on y trouvera, en juillet, un miel magnifique et pouvant orner la table d'un prince. Si on ne donnait la hausse ou le chapeau, que lorsque déjà la disposition intérieure est faite pour l'essaimage, on n'empêcherait rien ; cette disposition préparatoire, qui précède de sept à huit jours la sortie de l'essaim, c'est la ponte de la reine dans les cellules royales. Ainsi, prenez vos précautions et donnez à temps de l'espace à vos ruches.

Voilà pour les ruches à deux hausses seulement ; quant à celles qui en auraient déjà trois, on se contenterait de mettre tout simplement un chapeau par-dessus. Ce serait un enfantillage que d'ajouter des hausses à des ruches médiocrement peuplées ; celles-là certainement n'essaimeront pas ; si, plus tard, leur population et leur poids augmentent sensiblement, on ajoutera une hausse à celles qui n'en ont que deux, et on donnera un chapeau à celles qui en ont trois.

Observation. — On suivra la même règle pour les ruches communes, on donnera des hausses à toutes celles qui seront destinées à fournir du miel.

Aucune séparation ne doit exister entre la hausse et la ruche; il faut que les abeilles puissent prolonger sans interruption leurs gâteaux dans la hausse. En négligeant cette condition, on empêcherait rarement l'essaimage.

28. — *Règles pour les ruches dont on espère un essaim.*

Les petites ruches ne donnent ordinairement que de petits essaims. Un autre inconvénient, c'est qu'elles essaiment plus tôt que les autres, et avant d'avoir amassé la moitié de leurs provisions. En les laissant essaimer, on s'expose beaucoup à perdre la mère et l'essaim. Voilà des faits incontestables. Il faut donc augmenter la capacité des petites ruches, afin d'en obtenir des essaims convenables. Ainsi, on ajoutera une hausse à toutes les ruches qui n'en ont que deux. Je vais plus loin : comme, dans les années pluvieuses, les abeilles amassent peu de miel et sont très-disposées à donner des essaims, on fera bien de retarder l'essaimage, de l'empêcher même s'il est possible, en plaçant une quatrième hausse sous toutes les ruches composées de trois. Il serait à désirer, que, avant d'essaimer, une ruche eût au moins six ou sept kilogrammes de miel en magasin.

Ce que je dis des petites ruches à hausses, s'applique aussi aux petites ruches communes; il faut donner à celles-ci une hausse, pour les mettre en état de fournir un essaim qui ait chance de réussite. Une ruche petite est celle dont la capacité ne dépasse pas vingt litres.

2*

29. — *Rendre forte une ruche faible*.

Vous remarquez, dans le courant du mois de mai ou au commencement de juin, une ruche faible de population et légère de miel ; à moins que l'année ne soit très-favorable, vous prévoyez qu'elle ne pourra se refaire. Venez-lui en aide, donnez-lui de la population et fournissez-lui ainsi le moyen d'amasser, en peu de temps, le miel qui lui manque. Vous y réussirez en opérant de la manière suivante.

Choisissez une belle journée de travail, entre neuf heures et midi. Adressez-vous d'abord à une ruche que vous savez très forte et bien pesante ; mettez-la en état de bruissement (148), ce qui est toujours facile quand les abeilles sont en pleine récolte. Venez ensuite à votre protégée, enfumez-la jusqu'à bourdonnement ; enlevez-la pour la poser à terre ; allez chercher la première ruche, et placez-la sur le plateau de la seconde, reprenez celle-ci et portez-la sur le plateau de l'autre ; vous terminez en soufflant quelques bouffées de fumée pour mettre les deux ruches en état de bruissement ; c'est, vous le voyez, une simple mutation, c'est la ruche faible qui est mise à la place de la forte et réciproquement. Les plateaux restent, il n'y a que les paniers de changés.

L'histoire de nos deux ruches va vous intéresser. Les mouches de la plus forte reviennent en masse de la campagne, elles entrent d'abord sans défiance dans celle qui lui a été substituée, parce qu'elles reconnaissent leur plateau et les abeilles qui y sont restées ; ce n'est que quand elles sont entrées qu'elles se trouvent dépaysées et qu'elles témoignent de l'inquiétude. Elles sortent, puis elles rentrent et finissent par s'acclimater, c'est l'affaire d'un jour. Du reste, il n'y a ni lutte ni combat. Le lendemain tout est tranquille. La ruche faible reçoit de la forte une nombreuse population, et amasse en peu de temps ses provisions. La forte, au contraire, ayant perdu les trois quarts de ses ouvrières, n'amasse presque plus rien, elle ne peut guère que suffire à la subsistance de son nombreux couvain ; mais vous admirerez avec quelle promptitude elle réparera sa perte. Un mois après elle se trouvera aussi peuplée que les autres.

Ce sera toujours une ruche très-forte et pourvue de ses provisions d'hiver que vous choisirez pour permuter avec la faible, et vous ne ferez cette opération que dans la saison des fleurs et du miel.

Avant de rien faire, visitez l'intérieur de la ruche faible et assurez-vous bien qu'elle a du couvain d'ouvrières (108) ; c'est une condition essentielle de succès. Quand le couvain de cette espèce lui manque, c'est qu'elle n'a pas de reine. On ne peut que lui donner un essaim ou la réunir à une autre ruche ; il n'y a pas de permutation possible. Si vous omettez ou négligez quelqu'une de toutes ces conditions, ne faites retomber que sur vous-même la responsabilité de vos œuvres.

Observation. — Je ne pense pas qu'on puisse placer avec succès un essaim faible à la place d'une ruche forte ; les abeilles de cette dernière se décideraient difficilement à monter dans une ruche dont les constructions ne descendraient pas jusque sur le plateau.

50. — *Saison des essaims.*

La saison des essaims dure environ six semaines ; elle commence à l'époque où la sève coule abondamment dans les plantes, c'est-à-dire en mai et en juin pour les climats tempérés, elle varie aussi selon les années. On a lieu de croire qu'elle commencera de bonne heure, lorsque les différentes productions de la terre paraissent plus avancées qu'à l'ordinaire. Dans notre département de la Meurthe, les ruches les plus fortes essaiment communément du 20 mai au 1er juin, quelquefois l'essaimage ne durera que de dix à quinze jours. Une grande chaleur et une sécheresse soutenue en sont la cause.

31. — *Ruches qui essaiment les premières.*

Un mois à l'avance, un observateur attentif distinguera facilement celles de ses ruches qui donneront les premiers essaims, il se trompera rarement dans ses prévisions. Il remarque deux ruches très-fortes ; la porte suffit à peine pour livrer passage aux nombreuses ouvrières qui sortent et qui rentrent, l'une des deux est un essaim de l'année précédente, voilà celle qui donnera le premier essaim. Voici deux autres paniers aussi très-forts ; mais l'un est d'une capacité plus faible que l'autre ; ce sera le panier à moindre volume qui essaimera le premier. Enfin, de deux ruches de volumes égaux et de populations équivalentes, la plus lourde donnera son essaim la première. Ainsi, une ruche se trouvera dans les meilleures conditions possibles pour l'essaimage, quand cette ruche sera un essaim de l'année précédente, d'une capacité ordinaire, et qu'elle réunira à une bonne provision de miel une nombreuse population.

32. — *Indices d'un prochain essaimage.*

On regarde généralement comme un indice de la sortie prochaine des essaims, l'apparition des bourdons. Ils commencent à paraître dans les premiers jours de mai, quelquefois en avril. Ce sont toujours les ruches les plus fortes qui fournissent les premiers ; jamais une ruche n'essaime qu'elle n'ait montré ses bourdons six ou huit jours à l'avance. Entre midi et trois heures, par un beau soleil de mai, vous pouvez les voir sortir tout joyeux pour se donner le plaisir d'une promenade aérienne. Cependant, cette apparition des bourdons n'est pas toujours une preuve que la ruche essaimera.

Un autre indice de la sortie prochaine d'un essaim, c'est quand le trop plein force une partie des abeilles à se tenir en dehors de la ruche. Le logement ne suffit plus à la famille qui déborde de toute part. L'essaim ne se fera pas attendre longtemps. Cependant, il peut arriver que de grandes chaleurs devançant l'apparition des bourdons, obligent les abeilles à se tenir ainsi groupées à l'extérieur ; dans ce cas, elles lasseront votre patience, en n'essaimant que de dix à quinze jours plus tard. Il manque quelque chose à la famille, elle attend qu'elle soit pourvue de bourdons adultes et de reine au berceau. D'autres fois, les ruches essaimeront sans que rien indique un excès de population ; les abeilles ne débordent pas, le logement suffit à toutes, et cependant vous avez des essaims ; c'est que les nuits précédentes ayant été fraîches et les journées d'une température modérée, les ouvrières se sont resserrées davantage dans l'intérieur et ont dissimulé leur nombre. Règle générale, les apparences d'une population excessive donnent des espérances prochaines pour les ruches peu âgées, et seulement des espérances éloignées pour celles à vieux gâteaux.

Après le coucher du soleil, comparez le bruissement que font entendre vos ruches ; dans les faibles ou celles qui ne sont pas remplies de gâteaux, il est presque nul ; dans les fortes, le bruissement est sourd, grave, fortement soutenu ; dans les très-fortes, il devient aigu, plus éclatant, espérez un essaim de ces dernières ruches dans quelques jours. Voulez-vous encore un autre signe, voyez et considérez ces nombreuses abeilles venir de l'intérieur, s'avancer en toute hâte sur le plateau, comme pour apporter un message, puis s'en retourner et rentrer avec le même empressement, espérez un essaim dans quatre ou cinq jours.

Une ruche très-forte semble rester dans l'inaction ; les ouvrières qui vont à la campagne et celles qui en reviennent ne sont pas aussi nombreuses que de coutume ; l'activité n'est plus en rapport avec la population ; les mouches paraissent être dans l'attente d'un grand événement. Oui, le grand événement se prépare pour le jour même ou pour le lendemain.

La sortie des bourdons avant l'heure accoutumée présage encore le départ de l'essaim pour le jour même.

Tous les signes dont nous venons de parler ne donnent que des espérances ; ils précèdent presque toujours le départ des essaims, mais les essaims n'en sont pas la suite nécessaire. La pluie, le vent, une grande sécheresse, l'une de ces trois causes peut, d'un jour à l'autre, retarder l'essaimage et même y mettre un terme d'une manière absolue.

33. — *Départ, station, mise en ruche de l'essaim.*

C'est ordinairement de dix heures du matin à une heure de l'après-midi, que les essaims prennent leur essor. Les abeilles, comme un torrent impétueux, se précipitent hors de la ruche ; celles de l'intérieur et celles qui sont groupées à l'extérieur, toutes partent pour de nouvelles destinées. Les voilà dans les airs ; c'est une nuée qui se meut et se croise en tous sens. Après quelques minutes de ce vol incertain, le peuple émigrant se dirige vers un arbre qu'il trouve à sa portée, il s'attache au tronc ou à une branche, formant une masse tantôt arrondie, tantôt allongée, tantôt hémisphérique, selon l'emplacement qu'il a choisi. La ruche

qui doit le recevoir est préparée ; elle est propre ; on a
frotté l'intérieur avec des feuilles de fèves de marais, ou
avec du thym, ou bien on y a passé un linge humecté d'eau
salée. Dès qu'on ne voit plus que quelques centaines de
mouches voler autour du groupe, il est temps de le
recueillir. Après avoir mis un masque, tenez d'une main la
ruche renversée sous l'essaim ; de l'autre main, saisissez la
branche et secouez vivement ; l'essaim s'en détache et
tombe dans la ruche, un plateau est là tout près pour recevoir cette ruche, et vous avez soin de la soulever d'un
côté au moyen d'une petite cale. Alors les abeilles, qui
étaient tombées en masse au fond de la ruche, retombent
sur le plateau ; les unes s'échappent et s'envolent, les autres
sortent vivement, et s'avancent en bataillon serré, prêtes à
prendre de nouveau leur essor, puis s'arrêtent tout à coup
dans leur marche, se retournent et se mettent à faire le
bruissement toutes en chœur ; c'est le signal du rappel.
Toute la troupe l'entend, et s'empresse de rejoindre la
reine. Alors on enfume les abeilles qui sont restées à la
branche ; on enfume aussi, mais modérément, celles qui,
posées sur le plateau ou sur la ruche, tardent d'entrer. Un
quart-d'heure ou une demi-heure après, tout est rentré,
quelques abeilles seulement voltigent autour de la ruche,
il ne faut pas vous en inquiéter. Portez l'essaim à la place
qui lui est destinée et qui doit être à quelque distance de la
ruche-mère. Si vous attendiez jusqu'au soir, vous vous
exposeriez à voir un second essaim venir se mêler avec le
premier dans la même ruche.

Un autre inconvénient, c'est que beaucoup d'ouvrières
reviendraient les jours suivants voltiger autour de l'arbre
qui leur a servi de station.

Pour réussir dans la mise en ruche de l'essaim, il est bon,

mais il n'est pas absolument nécessaire, que la reine se
trouve d'abord dans la ruche ; quand elle ne s'y trouve pas,
les abeilles du dedans font entendre pendant quelque temps
un bruissement qui appelle aussi bien la reine que le reste
de la troupe. L'essentiel consiste à enfumer la place où l'on
peut supposer que la reine se trouve. Souvent je l'ai vue
aller rejoindre sa famille. On doit toujours approcher la
ruche le plus près possible de l'endroit où l'essaim s'est fixé.

34. — *Essaim difficile à recueillir.*

Quand les abeilles, au lieu de s'attacher à une branche
qu'on peut secouer, se placent contre un mur, un gros
tronc d'arbre, ou dans une fourche formée par les bran-
ches, on présente la ruche de son mieux, on passe un petit
balai sur les abeilles pour les détacher et les faire tomber.
Le reste se fait comme on a dit dans l'article précédent. On
voit encore des essaims se poser à terre, ce qui annonce la
lassitude de la reine, et donne à peu près la certitude
qu'elle ne reprendra pas son essor. La mise en ruche de
ces essaims n'offre aucune difficulté ; on pose doucement la
ruche par-dessus ; on la tient soulevée d'un côté ; on enfume
modérément dans l'intérieur afin d'y provoquer le bruissement ; on enfume ensuite les abeilles du dehors ; bientôt
tout l'essaim monte dans la ruche.

Pour recueillir un essaim suspendu à une branche très-
élevée, il faut avoir un sac de grosse toile, haut d'environ un
mètre, taillé en rond par le bas et attaché autour d'un cer-
ceau ; on fait, à vingt-cinq centimètres du haut, une espèce
d'ourlet dans lequel on passe un cordon assez long pour le
tenir dans la main, lorsque le sac est élevé. Quand il s'agit
de s'en servir, deux personnes le présentent sous la branche
au moyen de deux perches ; elles secouent les abeilles par

un mouvement de bas en haut et ferment ensuite le sac en tirant le cordon; elles versent aussitôt l'essaim dans la ruche qui lui est destinée; enfin, on enfume la branche, s'il est possible, pour en chasser le reste des abeilles. Au lieu d'un sac, on pourrait encore, au moyen d'une fourche, élever la ruche, y secouer les abeilles, et vite la retourner sur le plateau.

55. — *Rentrée des essaims.*

Quelquefois, l'essaim rentre dans la ruche d'où il est sorti; il se balance quelque temps dans l'air, et puis, sans se reposer, il revient en masse serrée. Si la reine est rentrée avec la famille, une seconde émigration aura lieu le lendemain ou au premier beau jour. On peut supposer qu'il en est ainsi, quand, au moment du départ, il fait du vent; que le soleil se couvre; ou qu'il tombe quelques gouttes de pluie. Mais si c'est une journée chaude, avec un beau soleil sans vent, il est à présumer, au contraire, que la reine n'est pas rentrée et qu'elle est tombée à terre. Dans ce dernier cas, l'essaim ne ressortira plus que du huitième au neuvième jour (48); il doit attendre la naissance des jeunes reines.

D'autres fois, au lieu de rentrer paisiblement, la colonie se jette dans une ruche voisine et là une bataille furieuse s'engage entre les deux peuples. La reine s'est introduite dans la ruche par erreur, les abeilles l'ont suivie, de là cette confusion, cette guerre à mort; aussitôt qu'on s'aperçoit de la méprise, s'il en est temps encore, on enlève pour quelques minutes la ruche assaillie, et on y substitue celle d'où sort l'essaim; quand tout est rentré, on remet chaque chose à sa place. Si la reine s'est réellement introduite dans le panier étranger, en le visitant vous verrez sur le plateau un peloton immobile d'abeilles gros comme une noix, la reine en forme le noyau, elle est pressée par les ennemis qui l'entourent et qui finissent par l'étouffer, si on ne vient pas vite à son secours; les abeilles sont tellement acharnées contre la pauvre captive que la fumée est seule capable de leur faire lâcher prise.

Lorsque la reine tombe à terre ou s'égare, il est à remarquer que l'essaim ne se décide pas aisément à rentrer; il cherche sa reine, il se répand dans toutes les directions, on voit qu'il lui manque quelque chose. Un observateur attentif, soupçonnant l'accident, s'attend bien à voir rentrer l'essaim dans quelques minutes; s'il cherche avec soin, il finit très-souvent par découvrir la reine tombée en avant de la ruche, surtout lorsqu'il y a des herbes, des plantes qui contrarient le vol des abeilles.

36. — *Reine tombée et rendue à l'essaim.*

Voici un exemple choisi entre dix autres. C'était en 1834. Un essaim sort, le voilà dans l'espace, bientôt il se montre inquiet; je cherche en avant de la ruche, j'y trouve la reine; mais la pauvrette, elle n'a plus que l'aile gauche, encore cette aile unique est-elle échancrée. Que faire de cette royauté mutilée et sans sujets? Je m'avise de la ramasser dans le creux de ma main, et de la réunir à un peloton gros comme le poing, qui essayait de se rassembler à une branche d'arbre. Dans moins de dix minutes, les abeilles, qui commençaient déjà à battre en retraite, se sont toutes groupées autour du peloton. L'année suivante cet essaim, avec sa reine mutilée, a donné à son tour un autre essaim; j'en épiais la sortie depuis huit jours; enfin il sort, je cours en avant de la ruche et je trouve encore, comme je m'y attendais, la reine tombée, mais dans un état pitoyable. L'année précédente, il lui restait encore l'aile gauche; cette fois, il n'y avait pas même trace d'ailes, je la recueille encore, et ne voyant aucun peloton d'abeilles auquel je puisse la réunir, je pense à un autre moyen qui déjà m'avait réussi plusieurs fois. Je renferme la reine sous verre, j'enlève la ruche qui vient d'essaimer, et la remplace par celle destinée à l'essaim, et au moment où celui-ci se dispose à rentrer, je rends à la reine sa liberté, en la faisant entrer dans la ruche vide. Les choses se sont encore passées comme je l'espérais ; l'essaim s'est rassemblé autour de sa reine, et un quart-d'heure après, la ruche-mère se retrouvait à sa place et l'essaim à celle qui lui était destinée. Quand on enlève la ruche-mère pour mettre à sa place la ruche vide, il faut laisser le plateau avec les abeilles qui s'y trouvent ; la reine est tout de suite en pays de connaissance, et l'essaim entre sans défiance, pensant rentrer dans sa ruche.

57. — *Départ simultané de deux essaims.*

Dans un rucher nombreux, deux essaims peuvent sortir en même temps, se réunir et ne plus former qu'un seul groupe ; je ne conseillerai jamais de les séparer, je connais trop les avantages des essaims forts sur les faibles. Cependant, voici un moyen de les diviser qui réussira souvent.

On recueille ce double essaim de la même façon que les autres et on ajoute une hausse, si la ruche ne suffit pas. Vers le coucher du soleil, près du rucher, sur un sol uni, on secoue légèrement l'essaim contre terre, de manière à ne faire tomber qu'une partie de la population, un quart par exemple. On secoue une autre partie à un mètre plus loin, un troisième quart à égale distance, le reste est conservé dans la ruche, chaque portion est à l'instant recouverte d'une ruche vide. On tourne avec de la fumée tout autour de chaque groupe d'abeilles pour les forcer à monter dans leur ruche respective ; c'est l'affaire d'un quart-d'heure pour bien isoler les groupes. Au bout d'une heure, peut-être plus tôt, on saura si les reines sont dans des ruches différentes. Les groupes qui auront une reine seront tranquilles et paisibles ; les autres commenceront à se troubler, à s'agiter ; il suffira alors de rapprocher de chaque ruche à reine une de celles qui n'en ont pas. La réunion des abeilles orphelines avec celles qui ont une reine s'opèrera plus vite, si on envoie à ces dernières quelques bouffées de fumée, pour provoquer le bruissement comme signal de rappel. C'est intéressant de voir comme les pauvres orphelines s'empressent de rejoindre leur mère. En divisant l'essaim en six portions, les chances de séparer les reines seront plus grandes.

Lorsque deux essaims sont rassemblés dans une même ruche, il est possible que les deux reines périssent en même temps. L'explication de ce fait est facile : chaque reine, isolée de sa propre famille, s'est trouvée au milieu des abeilles de l'autre famille qui l'ont enveloppée et pressée de toute part. Quand cet accident a lieu, les abeilles retournent à leurs ruches respectives, et l'on trouve sur le plateau de l'essaim une des reines, retenue dans une prison bien étroite et bien dure. C'est un petit peloton d'abeilles, nous l'avons dit, qui entourent la pauvre reine et qui finit par l'étouffer.

Quelquefois ces essaims, malgré la perte des deux reines, n'abandonnent pas la ruche ; ils construisent alors des gâteaux composés uniquement de cellules à bourdons. Ne pouvant pas élever de couvain, ils ne recueillent point de pollen, mais ils amassent du miel ; j'en ai récolté jusqu'à huit kilogrammes dans une seule ruche. Ces sortes d'essaims sont excessivement rares, j'en ai rencontré peut-être une dizaine en tout.

38. — *Empêcher deux essaims de se réunir.*

Il n'est guère possible d'empêcher la réunion de deux essaims qui sortent de leur ruche au même moment. Mais si l'un est rassemblé à la branche d'un arbre, ou recueilli dans une ruche, lorsqu'il plaît à l'autre de quitter la maison maternelle, il sera facile de s'opposer à la réunion qui aurait très-probablement lieu, si on n'y mettait obstacle. Il suffit de se placer avec un fumoir entre les deux populations ; une fumée abondante, dirigée contre le second essaim, l'éloignera et le forcera à s'établir à quelque distance du premier. Si ce premier essaim se trouve déjà rassemblé dans la ruche, on se contentera de le transporter à quelque distance. Inutile alors d'employer la fumée contre le second qui s'établira où il lui plaira.

**39. — *Essaim se fixant à la place d'un essaim
de la veille.***

Assez souvent les essaims du lendemain, vont s'établir à la branche qui a servi de station à ceux de la veille. La raison de cette préférence, c'est que la nouvelle colonie est attirée par les quelques abeilles de la première qui reviennent voltiger autour de l'arbre où elles s'étaient posées la veille. Une seule fois, j'ai eu occasion d'en reconnaître les inconvénients. C'était en 1838. Un essaim vint s'établir sur le même arbre qu'un autre essaim de la veille ; il fut recueilli sur-le-champ ; mais à mon grand étonnement, au bout de deux heures, les abeilles se mirent en mouvement, elles sortirent et s'en retournèrent une à une à leur mère. Enfin, je soulevai l'essaim, il ne restait plus qu'un quart de la population ; je vis sur le plateau un petit peloton d'abeilles gros comme une noix ; la reine en formait le triste noyau, elle était dans un état désespéré. Alors tout me fut expliqué, c'étaient les quelques abeilles de l'essaim de la veille, qui, s'étant rencontrées avec cette reine, l'avaient enlacée et étreinte jusqu'à ce que mort s'ensuivît.

40. — *Poids et volume d'un bon essaim.*

Un bon essaim doit peser deux kilogrammes environ. Il est bon de dire ici que les abeilles, en quittant leur domicile pour aller fonder une nouvelle colonie, se munissent toutes, d'une provision de miel qui les rend plus lourdes que dans leur état habituel; la différence de poids est même assez sensible. D'après des expériences que j'ai faites et dont je garantis l'exactitude, il faut 11,200 abeilles à leur état habituel de vie pour peser un kilogramme ; tandis qu'il n'en faut pour former le même poids que 9,400, quand on les prend dans un essaim et qu'on les pèse quelques heures après leur sortie. Quant au volume, un essaim de deux kilogrammes remplit aux trois quarts une ruche jaugeant dix-huit litres environ ; ceci cependant suppose une température modérée ; car, par les grandes chaleurs, l'essaim s'étendra et remplira toute la ruche.

41. — *Rendre fort un essaim faible.*

Si, pour une cause quelconque, une ruche très-forte ne vous donne qu'un essaim faible, il sera toujours aisé de le rendre fort, et cela sans le moindre inconvénient. Aussitôt que l'essaim est recueilli et prêt à être porté sur le rucher, enlevez la ruche-mère, et sur le plateau de celle-ci, mettez l'essaim. Les abeilles restées sur le plateau et celles qui vont revenir des champs, en augmenteront bientôt le volume. Le lendemain, de nouvelles ouvrières venant encore s'y réunir, votre essaim se trouvera être très-fort. N'ayez aucune inquiétude sur la mère, si toutefois elle est lourde. Elle aura réparé le déficit de sa population avant un mois.

Il est bien entendu que la mère doit rester à sa nouvelle

place. Pour faire cette mutation en toute sécurité, il faut avoir la certitude que l'essaim est sorti de telle ruche et non de telle autre ; sinon, en mettant à la place d'une ruche un essaim qui n'en serait pas sorti, les abeilles monteraient difficilement dans l'essaim à cause du vide de la ruche. Il y aurait alors désordre et confusion.

42. — *Nourrir un essaim trois jours après sa sortie.*

Inspiré par une prévoyance admirable, un essaim au départ, emporte toujours avec lui des provisions pour plusieurs jours. Déjà, la nuit suivante, des cellules sont ébauchées, et la reine y dépose quelques œufs. Si les trois jours qui ont succédé à l'établissement dans la ruche sont favorables au travail, c'en est assez pour donner aux abeilles le temps d'amasser des provisions qui les mettront en état de supporter huit ou dix jours de mauvais temps. Mais, si pendant les deux premiers jours de son installation, l'essaim ne peut aller chercher sa nourriture à la campagne, il faut lui venir en aide et lui donner du miel qui le fasse vivre jusqu'au retour du beau temps. Soixante grammes par jour me paraissent suffisants. On croit communément qu'un essaim emporte des provisions pour trois jours. J'aimerais mieux le nourrir le troisième jour que d'attendre au quatrième.

43. — *Loger un essaim dans une ruche contenant des gâteaux.*

Quelques apiculteurs sont dans l'usage de loger des essaims dans des ruches contenant des gâteaux ; on leur donne, disent-ils, un appartement tout meublé qui leur épargne beaucoup de peine et de travail. Ils conservent donc pour cette destination des ruches dont les gâteaux ne soient pas de trop ancienne date. Cette méthode est bonne, pourvu que ces gâteaux n'aient pas plus de deux ans. Je suis persuadé qu'un essaim recueilli dans une ruche renfermant un bâtiment tout fait, se trouvera à l'automne plus lourd qu'un autre du même jour et d'une population équivalente, mais recueilli dans une ruche vide.

Quand on voudra conserver intactes ces constructions faites par des essaims des années précédentes, on les suspendra pendant l'hiver dans un grenier, Pendant les mois d'avril et de mai, on les descendra à la cave, afin de les préserver des attaques de la fausse-teigne.

44. — *Réunion des essaims.*

Un propriétaire qui comprend ses intérêts, préfère la qualité des ruches à la quantité. Il aime mieux deux bons essaims que quatre médiocres. Il réunira d'abord les essaims, même précoces, qui ne rempliraient pas les trois quarts d'une ruche de dix-huit litres. Il réunira aussi les essaims forts, mais tardifs. Il profitera de l'essaimage pour fortifier une ruche faible et peu ancienne. On peut affirmer qu'en général un rucher ne prospère qu'autant qu'on pratique largement la réunion des essaims. Sans doute, les essaims médiocres réussissent dans les bonnes années, mais ces années sont rares, elles sont exceptionnelles.

Nos réunions se font toujours le soir, depuis une demi-heure avant le coucher du soleil jusqu'à la nuit. Nous voici avec deux essaims du même jour ; aucun n'est assez fort pour rester seul ; il faut les réunir, autant que possible, le jour même de leur sortie. Choisissons, près du rucher, un sol uni et sans herbe ; étendons deux baguettes longues de cinquante centimètres et de la grosseur d'un doigt, distantes l'une de l'autre de quinze centimètres environ. Apportons les deux essaims à droite et à gauche ; enfumons modérément jusqu'à ce que nous entendions un fort bourdonnement dans les deux. Une fumée trop abondante ferait tomber les abeilles sur le plateau. Prenons ensuite un des essaims, secouons-le fortement sur les baguettes et couvrons-le par l'autre essaim. Les abeilles tombées à terre débordent de toute part ; elles semblent vouloir s'enfuir ; promenons de la fumée tout autour pour les décider à retourner dans la ruche. Quand elles sont à peu près toutes rentrées, lançons quelques bonnes bouffées dans l'intérieur pour entretenir ou rétablir le bourdonnement. Ne craignons jamais rien si l'état de bruissement se soutient fort et continu pendant une demi-heure au moins après la réunion ; craignons au contraire lorsqu'on entend seulement un bruit faible dans l'intérieur. En observant les règles que nous venons d'indiquer, nous ferons très-peu de victimes.

Je n'y mets pas toujours tant de façon pour réunir deux essaims du même jour : je les enfume jusqu'à bruissement ; ensuite, par un coup sec et ferme, je fais tomber l'essaim le plus faible dans le plus fort ; puis, appliquant vite le plateau sur la ruche et les tenant collés ensemble, je les retourne dans leur position naturelle.

Quand c'est un essaim du jour qu'il s'agit de réunir à un autre des jours précédents, c'est toujours ce dernier qu'on doit conserver, à cause des nouvelles constructions qui s'y trouvent déjà, mais alors n'employez pas le moyen expéditif dont je viens de parler. En renversant la ruche, les gâteaux tomberaient infailliblement.

Voulez-vous donner un essaim du jour à une ruche faible ? vous pouvez suivre indifféremment l'une des deux méthodes ; aimez-vous la plus expéditive ? dans ce cas frappez un premier coup sur l'essaim, les abeilles tombent et s'enfoncent bien vite entre les gâteaux de la ruche faible ; un second coup en fait tomber d'autres qui s'enfoncent comme les premières ; enfin, un troisième et dernier coup fait tomber le reste. En secouant le tout à la fois, il y aurait engorgement et reflux. Le bourdonnement est une condition essentielle de réussite, il faut le provoquer avant l'opération et le maintenir encore après.

45. — *Essaim partagé entre deux ruches faibles.*

Vous avez un essaim fort, mais tardif, dont vous ne savez que faire ; vous ne devez pas le rendre à la mère, dans la crainte qu'il ne ressorte les jours suivants ; mais vous pensez à deux ruches médiocres que vous aimeriez à fortifier. Apportez ces dernières sur un sol uni ; laissez entr'elles un espace suffisant pour y secouer l'essaim fortement et d'un seul coup ; les abeilles entrent à droite et à gauche, elles se porteront peut-être en plus grand nombre vers l'une des ruches ; quand vous jugez que la moitié est entrée dans la plus favorisée, éloignez-la, revenez vite avec de la fumée pour diriger le reste des abeilles vers la moins heureuse. Je vous répéterai ici que si vous avez soin d'établir d'abord l'état de bruissement, et de le maintenir ensuite, vous ne trouverez pas vingt mouches mortes le lendemain. Ne tentez jamais de réunion tant qu'il n'y aura pas un fort bourdonnement dans les ruches.

46. — *Essaims secondaires.*

J'appelle essaim secondaire celui qui est produit par une ruche qui a déjà essaimé huit ou dix jours auparavant. Ce qui distingue essentiellement un essaim secondaire d'un essaim primaire, c'est que celui-ci est toujours conduit par l'ancienne reine, et que l'autre s'envole sous les étendards d'une reine de quelques jours. Ainsi, un essaim primaire, qui après être sorti de sa ruche, y rentre avec sa reine et ressort deux ou trois jours après, n'est point un essaim secondaire, car c'est toujours l'ancienne reine qui le conduit ; mais si la reine s'est égarée pendant le jet, les abeilles, nous l'avons dit ailleurs (35), rentrent et ne ressortent plus que huit ou neuf jours après. Elles attendent la naissance des reines qui sont au berceau et qui n'éclosent qu'à partir du sixième jour après le départ de l'ancienne. Alors ce sera un essaim secondaire, parce qu'il sera guidé par une jeune reine.

47. — *Ruches donnant des essaims secondaires.*

Premièrement, la ruche dont l'essaim primaire est rentré par suite de la perte de sa reine, donnera infailliblement un essaim secondaire. En second lieu, une ruche dont les gâteaux ne datent que d'un ou de deux ans, est très-exposée à fournir un essaim secondaire quand, après avoir essaimé une première fois, elle conserve encore une population passablement forte. Enfin, dans certaines années, presque toutes les ruches donnent des essaims secondaires ; d'autres fois, ces essaims seront peu communs, mais toujours vous serez prévenu de leur départ dès la veille.

48. — *Indice certain d'un essaim secondaire.*

L'essaim secondaire part ordinairement le huitième ou le neuvième jour après la sortie du primaire et toujours il se fait annoncer, dès la veille, par le chant de la reine. Par exemple, deux ruches essaiment le lundi : la première a conservé peu de monde, très-probablement elle n'essaimera pas de nouveau ; la seconde, au contraire, est encore forte, un essaim secondaire est à craindre. En effet, le dimanche et le lundi suivants, après le coucher du soleil, nous allons appliquer notre oreille contre la ruche, nous entendons un son tout particulier sur un même ton, assez semblable à celui du grillon ; c'est le chant de la reine ; l'essaim sortira le lendemain ou le surlendemain, s'il fait beau. Mais,

si le temps est mauvais pendant quatre ou cinq jours,
vous entendez trois ou quatre reines et vous distinguez
parfaitement leur chant ; l'essaim sortira accompagné de
plusieurs reines ; dans ce cas, la ruche-mère court risque
de devenir orpheline si on ne lui rend son essaim.

Peut-être le chant de la reine se fera entendre le cinquième jour ; peut-être, le douzième seulement. Ces deux
exceptions sont si rares que je n'en parle que pour mémoire.
Il n'est pas question ici des ruches dont on a tiré un essaim
artificiel ; pour celles-là, les reines ne chantent jamais
avant le treizième jour (115).

Plusieurs apiculteurs de notre temps se sont trompés, en
assurant que les essaims en général se font annoncer, dès
la veille, par un bruit intérieur tout particulier et par le
chant de la reine. Ce bruit particulier, je n'ai jamais pu le
saisir. Pour le chant de la reine, quelque soin que j'y misse,
je ne l'ai jamais entendu avant le départ de l'essaim primaire, excepté deux fois dans des circonstances de mauvais
temps tout-à-fait exceptionnel, tandis qu'il a toujours lieu
avant le départ de l'essaim secondaire.

49. — *Départ et caprices des essaims secondaires.*

L'essaim secondaire sort communément entre midi et
trois heures. Il est volontaire et capricieux, surtout lorsqu'il
est accompagné de plusieurs reines ; il sortira et rentrera
peut-être plusieurs fois avant de se fixer quelque part.
D'autres fois il se jettera comme une tourbe indisciplinée
dans une ruche étrangère, ou bien, se jouant de tous vos
efforts, il prendra un vol rapide et droit comme la balle,
pour aller je ne sais où, dans une cheminée abandonnée,
dans un trou de vieux arbre. Une autre fois, quoique rassemblé dans une ruche, il l'abandonnera quelques heures

après, pour retourner à la ruche-mère ou s'enfuir pour toujours. Ces sorties, ces rentrées successives, diminuent considérablement les provisions de la ruche-mère; d'un autre côté, la surveillance et la mise en ruche deviennent ennuyeuses. Dès que ces essaims sont fixés à une branche, hâtez-vous de les recueillir, et sans vous inquiéter des quelques centaines d'abeilles qui voltigent autour de la ruche, enfermez-les au moyen d'un tablier de cuisine, réunissez-les le jour même à une autre ruche, mieux encore à la mère le lendemain matin. Tout essaim d'un faible volume qu'on n'a pas vu sortir doit être réputé essaim secondaire et sera traité comme tel.

50. — *Empêcher la fuite des essaims secondaires.*

Dès qu'un essaim secondaire est sorti, on examine la direction qu'il prend; s'il paraît s'éloigner du rucher, ou se porter vers un lieu dénué de tout arbrisseau, on essaie de l'arrêter en lui jetant de l'eau avec un aspersoir, une grande brosse, une touffe de paille; on peut encore lui lancer du sable, de la poussière. Les gens de la campagne gratifient d'un petit charivari tous leurs essaims indistinctement, pensant empêcher ainsi leur fuite. Cette pratique, dont je ne connais pas la valeur, doit être conservée, ne fût-ce que pour attester l'existence de l'essaim et donner au propriétaire le droit de le réclamer. Il est bien rarement nécessaire de recourir à l'eau et à la poussière pour arrêter les essaims primaires : leurs reines, plus lourdes que celles des essaims secondaires, ont un vol plus pénible qui ne leur permet guère de s'éloigner du rucher.

51. — *Que se passe-t-il dans la ruche-mère d'un essaim secondaire?*

Lorsque la ruche a donné un essaim secondaire, elle est

réduite à une très faible population, dans ce cas, elle a peut-être encore plusieurs reines sorties de leurs cellules, mais ces reines ne chantent plus; elles se livrent un combat acharné la nuit suivante ; la plus forte ou la plus heureuse va tuer ensuite ses rivales au berceau, et reste ainsi seule maîtresse du champ de bataille. Le lendemain matin, on voit souvent les victimes de la nuit tombées en avant de la ruche.

Cependant, il est encore possible que le lendemain vous entendiez le chant des reines. Quand ce cas très-rare se présente, un essaim tertiaire est à craindre. Gardez-vous bien alors de rendre à la mère l'essaim secondaire, comme nous allons le conseiller dans l'article suivant : en augmentant la population dans cette circonstance, vous détermineriez très-probablement la sortie de l'essaim.

52. — *Réunion des essaims secondaires.*

Dans nos contrées, les essaims secondaires n'amassent pas leurs provisions d'hiver ; que peut-on attendre en effet d'une colonie qui forme à peine la moitié d'une population ordinaire? il faut absolument les réunir à d'autres ruches, mais de préférence à la mère, quand on sait d'où ils viennent. On ferait bien de ne rendre l'essaim secondaire à la ruche-mère que le lendemain; on pourrait alors parier dix contre un qu'il ne ressortirait plus.

Entre cinq et six heures du matin, on enfume légèrement la ruche-mère, uniquement pour la calmer et se garantir des piqûres; on la renverse en la posant à terre ; sans autre préparation, on secoue une portion de l'essaim, puis une seconde, puis enfin une troisième par un dernier coup ferme et sec ; les abeilles tombent et s'enfoncent entre les gâteaux de la mère. On remet ensuite celle-ci sur son plateau. La réunion est terminée. Comme c'est la même famille, aucun combat n'est à craindre, l'usage de la fumée devient inutile. Peut-être quelques abeilles tomberont à côté de la ruche, ne vous en occupez pas, elles sauront bien rejoindre la mère.

Si ce moyen ne vous plaît pas, secouez l'essaim à terre sur deux baguettes, placez la ruche-mère par-dessus, enfumez les abeilles pour hâter leur rentrée ; une demi-heure après, reportez la mère à sa place. Il n'est pas question ici de la réunion des essaims secondaires qui viennent à la suite d'un premier essaim primaire, que la perte de sa reine a forcé de rentrer. Il est clair que ces sortes d'essaims, étant aussi forts que les primaires, auront les mêmes chances de succès.

53. — *Les essaims secondaires ruinent les ruches-mères.*

L'expérience m'a constamment démontré que les essaims secondaires causent souvent la ruine des ruches-mères. Sur vingt ruches qui auront essaimé deux fois dans une année ordinaire, la moitié au moins se trouvera, à l'automne, sans provisions suffisantes. Quelques-unes perdront leur reine et deviendront la proie de la fausse-teigne. On peut estimer à un cinquième le nombre des ruches qui deviennent orphelines par suite d'un second essaimage. Cet accident arrive surtout à celles dont les gâteaux sont anciens, et à celles qui, contrariées par le mauvais temps, ne donnent l'essaim secondaire qu'après le douzième jour à partir de la sortie du primaire. La ruche qui a fourni deux essaims n'est plus en état d'augmenter ses provisions : le nombre des ouvrières est trop réduit ; les faux-bourdons, toujours nombreux dans ce cas, consomment beaucoup ; de plus, la ponte abondante de la nouvelle reine nécessite une grande dépense de miel, et la nouvelle population ne verra le jour qu'à l'époque où la campagne, dépouillée de ses fleurs, n'offrira plus aucune espèce de ressources. De toutes ces causes, il résultera que cette ruche, qui était encore lourde en juin, n'aura plus que la moitié de ses approvisionnements en septembre. Le seul cas où une ruche puisse essaimer deux fois sans trop d'inconvénient, c'est quand il lui reste, au printemps, une réserve qui puisse suppléer au manque de l'année courante. Il faut donc empêcher la formation de tout essaim secondaire ou, s'il s'en est formé un, le réunir à sa mère.

54. — *Empêcher les essaims secondaires.*

J'ai essayé toutes sortes de moyens pour m'opposer à la formation des essaims secondaires ; un seul m'a réussi. Je dois dire que je ne l'ai employé qu'une année, mais aussi aucune des ruches sur lesquelles je l'ai tenté n'a donné d'essaim de cette sorte, tandis que presque toutes les autres en ont fourni. Un peu par négligence, un peu par ennui de visiter chaque ruche, je ne l'ai pas renouvelé les années suivantes. Ce moyen consiste à détruire les faux-bourdons au berceau, le jour même de la sortie de l'essaim primaire, ou les trois jours suivants, au plus tard. Pour y parvenir, on renverse la ruche comme si on devait y prendre du miel. On écarte les abeilles avec de la fumée pour reconnaître les cellules à bourdons, très-faciles à distinguer des cellules d'ouvrières. Souvent le même gâteau en renferme des deux espèces, mais les cellules à bourdons dépassent les autres de trois millimètres ; il n'y a pas de méprise possible pour l'observateur attentif. Les cellules à bourdons étant reconnues, on enlève, avec un couteau bien aiguisé, la pellicule qui les ferme, de façon à découvrir la tête des jeunes bourdons. En ne faisant qu'ouvrir la cellule, on ne craint pas d'endommager le couvain d'ouvrières qui pourrait se trou-

ver dans le même gâteau, puisque le couteau n'enlève tout
au plus que l'épaisseur de deux millimètres, et que les cellules à bourdons dépassent les autres de trois millimètres
environ (158). On remet ensuite la ruche à sa place. Aussitôt les abeilles se mettent à l'œuvre : elles retirent des
cellules les bourdons mis à découvert, et dont la tête est
endommagée. Vous les voyez traîner leurs cadavres hors
de la ruche et s'en débarrasser au plus vite.

Je vois un double avantage dans cette pratique : d'abord
on empêche la sortie de l'essaim secondaire, ensuite on
débarrasse la ruche de beaucoup de bouches inutiles qui
lui seraient à charge dans un avenir prochain.

Pour prévenir la sortie des essaims secondaires, quelques
apiculteurs indiquent deux moyens, dont le premier est
très-douteux, et le second presque toujours impraticable.
Le premier consiste à donner une hausse à la ruche-mère,
après le départ de l'essaim primaire. Le second, c'est d'enlever toutes les cellules royales, moins une : mais comment
trouver et détruire toutes ces cellules ? Pourrez-vous voir et
enlever celles qui sont cachées sous les gâteaux ou dans le
fond de la ruche ? Après de nombreux essais, je ne crois
pas plus à l'efficacité du premier moyen qu'à la possibilité
du second.

Les hausses ne sont bonnes que pour empêcher la sortie
des essaims primaires (27).

55. — *Indices de la fin de l'essaimage.*

Pendant tout le temps que dure l'essaimage, vous remarquez un grand mouvement dans le rucher ; les ouvrières se
pressent, les unes d'aller à la campagne, les autres d'en
revenir ; c'est un travail actif, vigoureux, de moissonneuses
qui ne veulent laisser rien dépérir dans les champs. Mais

3*

quand, à cette grande activité, succède une espèce de relâche
et de repos, quand les abeilles paraissent moins empressées
pour le travail et qu'elles rapportent peu de pollen, c'est que
la saison des essaims touche à son terme. Peut-être quelques
essaims aventureux, des essaims secondaires surtout, vou-
dront-ils encore, en enfants insoumis, abandonner le toit
maternel ; mais hâtez-vous de les réunir à la mère ou à une
autre ruche. Enfin, il arrive un moment où les abeilles font
une guerre générale et acharnée aux bourdons, devenus
inutiles ou plutôt à charge à la communauté, ce moment,
facile à saisir, indique que non seulement c'en est fait pour
les essaims, mais encore que le miel fait défaut à la campagne. La récolte est à peu près terminée, et malheur aux
derniers essaims et aux ruches qui ont essaimé deux fois,
si les uns et les autres n'ont pas leurs provisions d'hiver.
Cependant, à une guerre générale, succède quelquefois une
trêve plus ou moins longue ; c'est que le temps a changé, et
que la campagne fournit de quoi vivre.

56. — *Avantage des essaims forts sur les faibles.*

Le même jour, nous avons trois essaims, pesant chacun
1,500 grammes : le soir même, au coucher du soleil, nous
en réunissons deux dans la même ruche ; nous laissons le
troisième essaim, en l'abandonnant à sa fortune. La population de la première ruche est immense, il faut ajouter une
hausse pour loger ce grand peuple. La population de la
seconde est une population ordinaire. Celle-ci amassera-
t-elle par exemple un kilogramme de miel dans le même
temps que la première en amassera deux ? Cela semblerait
naturel, car dans un temps donné, un ouvrier doit faire
moitié de ce qu'en font deux. Cependant les faits sont ici en
opposition avec ce raisonnement, l'essaim doublé aura en

magasin trois kilogrammes de miel, quand l'autre en aura à peine un. Remarquons que ce calcul est plutôt affaibli qu'exagéré, c'est-à-dire que l'essaim doublé travaillera encore dans une proportion plus grande. L'expérience est facile, seulement pesez les ruches avec soin, et ne vous contentez pas d'un simple coup d'œil.

Vous voyez maintenant combien il est avantageux de mélanger même les essaims primaires. Il faudrait que l'année fût bien mauvaise pour qu'ils ne réussissent pas ; et dans les bonnes années, ils gagneront un poids étonnant. En pratiquant la réunion, on s'abandonne le moins possible au hasard des saisons.

57. — *Les mères d'essaims ne donnent point de miel.*

Dans nos contrées, les abeilles n'ont pas la ressource du sarrazin et de la bruyère ; elles n'amassent pas de grandes quantités de miel. Quand les ruches de premier ordre en amassent dix kilogrammes, non compris le poids de leurs essaims qu'on peut estimer à la même quantité, et quand les ruches de second ordre en amassent sept ou huit, nous sommes contents et nous appelons cela une bonne année. D'après ces données, on voit que, même dans les bonnes années, les ruches qui essaiment donnent peu de miel, puisqu'il en faut sept ou huit kilogrammes pour leurs provisions d'hiver. Que sera-ce donc dans les années ordinaires ? Il n'y aura que les plus fortes ruches qui pourront essaimer utilement. Toutes les autres, à moins qu'elles n'aient conservé de bonnes réserves de l'année précédente, se ruineront en donnant des essaims, et ceux-ci seront aussi malheureux que leurs mères. J'entends souvent dire par les uns : j'ai beaucoup d'essaims, mais peu de miel ; par les autres : J'ai beaucoup de miel mais peu d'essaims. Eh bien ! soyez sûr que le propriétaire qui a eu beaucoup d'essaims, avait incontestablement le meilleur rucher au printemps, et aurait eu bien plus de miel que le second, s'il eût empêché d'essaimer ses ruches de second ordre. C'est n'avoir pas l'expérience des abeilles que de prétendre obtenir de la même ruche, à la fois, un essaim et du miel.

58. — *Produit de deux ruches dont une a donné un essaim.*

Dans cette question, il s'agit d'apprécier au juste et de comparer le produit de deux ruches dont une seulement a essaimé. Mes recherches à cet égard ont été faites avec la plus grande attention ; je vais en donner le résultat consciencieux. Au printemps, vous avez deux paniers à peu près égaux pour le poids, l'âge et la population ; tous deux ont les mêmes chances de succès. L'un donne un essaim qui est recueilli et logé à part ; l'autre n'essaime pas, parce que vous lui donnez à temps une hausse pour continuer ses constructions (27). Vérifiez les produits à la fin de la récolte. D'une part, pesez la mère et son essaim, tenez compte du poids de la cire, des abeilles et des paniers ; la soustraction faite, vous savez le poids total du miel qui se trouve dans les deux. D'autre part, prenez le poids brut de la ruche qui n'a pas essaimé, défalquez aussi le poids du panier, des abeilles et des gâteaux, pour avoir le poids de son miel. Comparez ce poids au total que vous aviez tout à l'heure, et vous trouverez, à votre grande surprise, que cette dernière a amassé, à elle seule, plus de miel que les deux autres ensemble, et que la différence peut être de un à trois kilogrammes. Donc, lorsqu'un rucher est suffisamment garni de ruches, il ne faut permettre l'essaimage qu'aux plus fortes, et uniquement dans le but de remplacer celles qui périssent par accident et celles encore qu'on supprime pour cause de vieillesse ou de caducité.

Cette expérience ne doit pas être faite sur deux ruches seulement, mais sur un certain nombre et plusieurs années de suite. Un accident arrivant à l'une des deux fausserait tous les calculs, et rien de semblable n'est à craindre lorsque les expériences sont plusieurs fois répétées.

59. — *Est-il avantageux qu'une ruche essaime ?*

On ne peut espérer à la fois de la même ruche un essaim et du miel, nous l'avons dit à l'article 57 ; une ruche forte qui n'essaime pas, amassera, à elle seule, plus de miel que n'en amasseront ensemble une ruche-mère et son essaim, c'est encore ce que nous avons établi dans l'article 58 ; il y a donc pour l'année même, désavantage et perte évidente. Mais un propriétaire doit consulter l'avenir autant que le présent, et sous ce point de vue, une ruche lourde et forte qui essaime, lui présente de grands avantages pour l'année suivante. Observons les travaux de deux paniers également peuplés, également approvisionnés. Le premier donne un bel essaim ; le second, pour une cause quelconque, n'en donne point ; voyons l'histoire de chacun. Le premier, après avoir donné son essaim, est dans une position difficile, il a perdu peut-être les deux tiers de sa population ; les travaux s'en ressentent ; les provisions n'augmentent plus que dans une faible proportion, et, à la fin de la campagne, il n'aura peut-être que le nécessaire pour la mauvaise saison ; mais ce qu'il a perdu d'un côté, il l'a gagné de l'autre ; il a réparé la perte de sa population et au printemps prochain, vous le compterez encore parmi vos bonnes ruches.

L'histoire du second panier n'est pas moins intéressante :
il n'a pas essaimé, sa population est excessive, cependant
elle ne reste pas dans l'oisiveté, comme beaucoup de gens
le pensent ; le soir et le matin elle se tient en dehors de la
ruche, mais pendant la journée, elle travaille et amasse
beaucoup ; le poids de la ruche augmente sensiblement
tous les jours ; il faut ajouter un chapeau ou une hausse
pour suffire à l'abondance de la récolte ; en un mot,
tout va bien jusqu'ici ; mais à l'automne, la famille a
plutôt diminué qu'augmenté, et au printemps suivant, elle
ne paraît guère plus nombreuse que celle du premier panier.

La conclusion à tirer de l'histoire de nos deux ruches,
c'est que dans les années ordinaires, les ruches fortes procu-
rent un grand avantage en essaimant ; à la vérité, elles ne
donnent pas de miel ; mais on s'en trouve dédommagé
l'année suivante ; car alors on a deux bonnes ruches au
lieu d'une, on a l'essaim et la mère.

Dans les années mauvaises, il est toujours regrettable
qu'une ruche essaime ; lorsque cela arrive, les provisions
de la mère diminuent tous les jours ; l'essaim n'amasse que
peu de chose, et comme il est dénué de tout approvisionnement, sa population disparaît comme par enchantement ;
de sorte que le seul moyen de sauver la ruche-mère et
l'essaim, c'est de les réunir à une autre ruche.

Observation. — Nous avons vu, art. 29, qu'une ruche
lourde et forte, que l'on substitue à une ruche faible, a bientôt réparé la perte de sa population. Nous constaterons le
même fait, art. 64, pour la ruche qu'on a déplacée pour y
substituer celle dont on a tiré un essaim artificiel. Eh bien !
la même chose a lieu dans les ruches qui ont essaimé dans
de bonnes conditions de miel et de population : elles se re-

peuplent d'une manière merveilleuse, elles redeviennent presque aussi fortes qu'elles l'étaient avant l'essaimage, les abeilles qui la composent semblent ne plus avoir qu'une pensée, celle d'augmenter les membres de leur famille. Aussi, j'ai cru remarquer que le couvain en juillet était plus nombreux dans ces ruches que dans celles qui, quoi-que très-fortes, n'avaient pas essaimé. La population de ces dernières reste à peu près la même, tandis que dans les autres elle augmente sensiblement tous les jours.

60. — *Est-il avantageux d'avoir des essaims?*

Cette question est en partie résolue par tout ce que nous venons de dire. Ici comme dans beaucoup d'autres choses, la vérité se trouve entre les extrêmes. Les essaims forts et précoces réussissent presque toujours ; ils seront, l'année suivante, l'espoir et l'orgueil du propriétaire. Il faut des es-saims pour réparer les pertes inévitables qu'on peut estimer sans exagération à quinze pour cent. J'entends par pertes inévitables, des ruches qui dépérissent, soit par suite de l'hiver, soit même en été, pour des causes souvent in-connues. Ainsi, en supposant qu'on ne veuille pas augmen-ter son rucher, il faut toujours des essaims pour remplacer les ruches qui périssent. Les bons essaims sont donc avan-tageux et nécessaires pour augmenter et même pour conser-ver un rucher ; mais les essaims faibles ou tardifs causent des pertes sans compensation. Les trois quarts du temps, ils n'amassent qu'une faible portion de leurs approvisionne-ments ; c'est une richesse apparente qui se réduira pres-que à rien, attendu que, après avoir affaibli les ruches-mères, on sera encore obligé d'en réduire le nombre pour les réunir en automne. Un apiculteur bien avisé ne négligera jamais, au moment de l'essaimage, de doubler tous les essaims faibles ou tardifs ; il ferait encore mieux de prévenir leur sortie en donnant des hausses à temps. J'appelle essaims tardifs, tous ceux qui viennent à une époque où l'on voit déjà d'autres essaims qui ont amassé deux ou trois kilogrammes de miel. Un essaim du 1er juin sera précoce dans les années tardives, et il deviendra tardif dans les années précoces.

61. — *Des essaims artificiels*.

L'essaim naturel se compose d'un amas d'abeilles qui se séparent de la famille, l'abandonnent volontairement pour aller s'établir ailleurs, et former une autre famille. Cette émigration est le fait instinctif des abeilles. Dieu leur a donné ce moyen de multiplier, comme à certaines plantes celui de se reproduire par bouture ; c'est le *crescite et multiplicamini* de l'Écriture : Croissez et multipliez. Une reine accompagne cette colonie pour la conduire et la vivifier ; mais une de ses filles, reine comme elle, reste dans la mère-patrie pour l'y remplacer, et dès les premiers jours de sa naissance, elle remplit complètement ses fonctions royales. Ce que les abeilles font par instinct, l'homme le pratique par l'art. Moyennant certaines conditions et en suivant certaines règles : d'une peuplade il en fera deux, et le résultat de cette opération s'appellera un essaim artificiel. Ainsi, *un essaim artificiel se compose d'un certain nombre d'abeilles que l'homme sépare violemment de la famille pour en faire une autre famille*. Il a réussi dans son œuvre, si chaque peuplade est pourvue d'une reine, ou possède les moyens de s'en procurer.

Pendant la saison des essaims, les ruches lourdes et bien peuplées ont souvent des reines au berceau. Si on retire de ces ruches la reine régnante et une bonne partie de la population, il est clair que dans ce cas les abeilles pourront facilement remplacer leur reine. Mais si les jeunes reines manquent, il reste encore aux abeilles une ressource supplémentaire ; elles agrandiront la cellule d'un ver destiné à donner une abeille ouvrière ; elles donneront à ce ver privilégié une nourriture particulière, le mets des dieux enfin (114), et douze jours après, chose admirable, du sein du peuple, sortira une reine de bon aloi, sinon de bonne condition ; et sa royauté en vaudra une autre de plus haute naissance. Remarquons cependant que les abeilles ne recourent à la roture qu'à défaut de race royale.

62. — *1re manière de faire des essaims artificiels.*

La première méthode de faire des essaims artificiels est applicable à toutes les formes de ruche. Elle est appelée *transvasement.*

Après avoir enfumé légèrement les abeilles pour les maîtriser, vous transportez la ruche à quelque distance et à l'ombre, s'il est possible ; puis, l'ayant renversée sens dessus dessous, vous l'établissez sur un objet quelconque, de manière qu'elle ne puisse vaciller, et que vous l'ayez à votre portée. Ainsi disposée à ciel ouvert, on la recouvre d'une ruche vide. On assujétit et on serre les deux ruches l'une contre l'autre avec de la ficelle ; toutes les ouvertures capables de donner passage aux abeilles sont soigneusement fermées au moyen d'une serviette que l'on passe en cravate autour des deux ruches, à leur point de réunion. Ces dispositions prises, et c'est l'affaire de deux minutes, vous frappez avec vos doigts ou de petites baguettes sur toute la surface de la ruche pleine, en bas et tout autour, et cela pendant huit à dix minutes ; les coups seront précipités, mais modérés, afin de ne pas détacher les gâteaux. C'est un vrai tambourinage, qui inquiète les abeilles et les engage à chercher un asile dans la ruche du dessus. Elles y montent, la reine les suit ; un vigoureux bourdonnement accompagne toujours ce déménagement. D'abord faible et partiel, il devient bientôt bruyant et général ; c'est l'indice que les abeilles se dirigent en masse vers la ruche vide ; quelques minutes encore et l'émigration sera suffisante. Il y aura presque certitude d'avoir attiré dans la ruche vide la reine et la majeure partie des ouvrières, quand le bourdonnement se fait entendre plus fortement dans celle-ci que dans celle du bas. Dès lors vous séparez vos ruches sans secousse, et vous portez l'essaim sur le rucher à quelque distance de la ruche-mère et vous mettez celle-ci à sa place ordinaire, pour recevoir les abeilles qui reviennent des champs.

Une ou deux heures après, vous saurez à quoi vous en tenir sur le succès de l'opération. Si la reine se trouve dans l'essaim, les abeilles seront dans un repos absolu ; soyez alors fier de votre œuvre, car vous avez réussi. Mais si elle ne s'y trouve pas, il y aura désordre et confusion ; les abeilles, comme folles, parcourront en tous sens l'intérieur de la ruche ; puis elles sortiront une à une pour ne plus rentrer. Voyez ensuite le contraste que présente la ruche-mère : les travaux continuent, nulle inquiétude au dehors ; vous remarquez, au contraire, bon nombre d'abeilles agiter leurs ailes à l'entrée ; sans aucun doute, ce sont celles qui viennent de l'essaim et qui témoignent ainsi, à leur manière, toute la joie qu'elles ressentent de retrouver une mère qu'elles croyaient perdue. Pour cette fois, vous avez échoué, car la reine n'étant pas avec l'essaim, toute la peuplade reviendra à la ruche et bientôt la famille, que vous avez tenté de diviser, sera toute réunie dans la ruche-mère. Ne vous découragez pas cependant, vous pouvez faire une seconde tentative le lendemain et les jours suivants, et j'ose vous dire que vous serez bien malheureux ou bien maladroit, si vous échouez encore. Une personne ayant l'habitude de ce transvasement, a rarement besoin de recommencer l'opération.

Nous avons remis provisoirement la ruche-mère à sa place ordinaire, et l'essaim à quelque distance sur le rucher ; mais quelques heures après, lorsque la tranquillité absolue de l'essaim nous aura donné la certitude que la reine s'y trouve, nous le rapporterons à la place de la ruche-mère ; nous mettrons celle-ci à la place d'une ruche lourde et forte en population ; et enfin, cette dernière, nous la placerons à quelque distance sur le rucher.

Gardez-vous bien de faire ces sortes d'essaims par une grande chaleur ; vous vous exposeriez à voir les gâteaux se détacher et tomber les uns sur les autres. Il y a grande chaleur quand le thermomètre centigrade marque vingt-cinq degrés à l'ombre. Si les gâteaux sont bien assujettis par des baguettes transversales, le degré de chaleur indiqué plus haut ne devra pas être un obstacle.

Ne faites encore ces essaims que par une belle journée, lorsque les abeilles vont à la campagne, depuis neuf heures du matin jusqu'à trois heures du soir ; vous serez plus sûr d'attirer la reine dans la ruche vide. Enfin, ne faites ces essaims qu'au commencement de l'essaimage et sur des ruches qui ont déjà leurs provisions d'hiver. Vous n'exposez que l'essaim qui se trouve dans les mêmes conditions que les essaims naturels et qui court les mêmes chances. La ruche lourde et forte en population qui devra être déplacée, aura aussi ses provisions d'hiver. Avant de commencer le transvasement, vous ferez bien de mettre à la place de la mère une ruche vide pour retenir et amuser les abeilles restées sur le plateau, ainsi que celles qui reviendront des champs ; vous feriez encore mieux, si vous frottiez, avec quelques gouttes de miel, les parois intérieures de cette ruche ; avec cette précaution, vous n'aurez pas à craindre que les abeilles se jettent en étourdies dans les ruches voisines. Ces essaims n'emportant aucune provision, il est nécessaire de les nourrir même dès le lendemain, quand le temps devient mauvais.

Observation. — Lisez attentivement les articles 142, 143 et 144.

Voici un autre moyen de chasser la reine et les abeilles, moyen peut-être plus sûr et plus expéditif que celui que je viens d'indiquer.

Après avoir enfumé la ruche dont on veut tirer l'essaim, on la transporte à l'ombre, on la renverse à ciel ouvert, mais de manière qu'elle soit fortement inclinée, et que les gâteaux, au lieu d'être en travers, viennent tous aboutir en avant de la personne qui doit opérer. On enveloppe d'une serviette entièrement déployée la partie la plus relevée de la ruche, la serviette enveloppe à peu près les deux tiers de la circonférence, elle est fixée à droite et à gauche par quelques épingles enfoncées dans les cordons de la ruche. Toutes ces dispositions étant terminées, soufflez quelques bouffées de fumée sur les gâteaux, frappez ensuite légèrement avec vos mains tout autour de la ruche ; bientôt les mouches remontent tumultueusement du fond de leurs gâteaux ; c'est le moment de les diriger avec la fumée vers les bords qui sont recouverts de la serviette. La fumée pour les abeilles est comme le chien du berger pour les moutons, elle les pousse en avant. On fait pénétrer la fumée jusqu'au fond des galeries pour en chasser les retardataires. Presque toute la population sort de la ruche et vient se grouper sur la serviette en forme d'essaim ; quand les choses en sont là, on prend les quatre coins de la serviette, on l'étend par terre, on pose la ruche destinée à l'essaim dessus, en la soulevant un peu pour ne pas écraser d'abeilles, on enfume ensuite tout autour pour faire monter l'essaim dans le panier ; dès qu'il est monté, on le pose sur un plateau ; deux heures après, si la reine s'y trouve, on mettra la nouvelle ruche à la place de la ruche-mère, celle-ci à la place d'une ruche forte et cette dernière enfin, plus loin sur le rucher.

63. — 2ᵉ *manière de former des essaims artificiels.*

La deuxième méthode de faire des essaims artificiels ne peut être pratiquée que sur des ruches à hausses. Une très-forte population, une ruche composée de quatre hausses pleines, et pesant brut de vingt à vingt-deux kilogrammes, voilà ce qu'il faut pour tenter de faire un essaim artificiel selon la deuxième méthode. Ce serait témérité que d'agir en dehors de ces conditions, on s'exposerait à perdre les ruches-mères et les essaims.

L'essaim se fera entre cinq et sept heures du soir, voici comment. On enlève d'abord, avec la pointe d'un couteau, tout le pourget qui se trouve entre la hausse supérieure et celle qui la suit ; on arrache les pointes ou les chevilles qui pourraient relier ces deux hausses entr'elles, afin que le fil de fer dont on va se servir n'éprouve d'autres obstacles que ceux qui pourraient provenir des gâteaux. L'ouverture du couvercle est ensuite débouchée. On lance par cette ouverture de bonnes bouffées de fumée, autant pour forcer les abeilles à descendre dans les hausses inférieures, que pour prévenir leur fureur qui deviendrait extrême si on négligeait cette précaution ; à l'instant même on passe un fil de

fer entre la hausse supérieure et la suivante. Deux personnes ne sont pas de trop pour cette opération : l'une
tiendra la ruche, tandis que l'autre tirera le fil de fer,
lequel, autant que possible, sera dirigé de façon qu'il
agisse en même temps sur tous les gâteaux, c'est-à-dire
qu'il ne faut pas les attaquer de flanc. On peut voir, par
l'ouverture du couvercle, dans quelle direction ils sont
placés. Dès que les gâteaux sont coupés, une des personnes soulève la hausse supérieure pendant que l'autre
place une hausse vide dessous ; on calfeutre toutes les ouvertures qui pourraient donner passage aux abeilles. On
laisse la ruche en cet état pour la nuit, afin de donner aux
abeilles le temps de remonter, de sucer le miel et de réparer les brèches faites à leur édifice. Le lendemain, de cinq
à sept heures du matin, on souffle d'abord un peu de fumée
par l'entrée ; puis on s'arrête pour donner aux mouches le
temps de se mettre en mouvement ; on recommence à
souffler, et on s'arrête encore quelques instants ; c'est l'affaire de huit à dix minutes pour les faire monter dans la
hausse vide, si déjà elles n'y sont montées pendant la nuit.
On enlève alors les deux hausses supérieures, que l'on
place sur un plateau à quelque distance de la ruche-mère.
Cette nouvelle ruche, composée de deux hausses et où la
reine se trouve très-probablement, nous l'appellerons l'essaim. Sans perdre de temps, on recouvre les trois hausses
inférieures d'un couvercle dont il faut à l'instant même calfeutrer le pourtour. Ces trois hausses, qui sont restées en
place, nous les nommerons la mère. Tout est terminé pour
le moment. La question est de savoir si on a réussi ; on le
saura deux heures après. Examinez l'essaim ; si les abeilles
paraissent dans un repos parfait, c'est que la reine s'y
trouve ; l'essaim a réussi. On le portera à la place de la

mère; celle-ci, à la place d'une ruche lourde et forte, et cette dernière, à quelque distance sur le rucher. Dans aucun cas, il ne faut séparer la mère de son plateau; les gâteaux n'étant plus attachés au plafond, le moindre dérangement, le moindre choc, les ferait incliner ou tomber.

Nous venons de dire qu'on a réussi si les abeilles de l'essaim sont calmes; mais quand elles sont visiblement inquiètes, et qu'elles quittent la nouvelle ruche par groupes continus de trois ou quatre, il est certain qu'on a échoué; la reine est restée dans la ruche-mère. Dans ce cas, sans différer un instant, on enlèvera le couvercle de la mère et sur celle-ci on replacera l'essaim manqué. Le jour suivant, on recommencera l'opération.

Avec cette deuxième méthode, on partage à peu près les provisions en deux parties égales. L'année serait bien mauvaise, si l'essaim et la mère ne les complétaient pas. Dans une année passable, l'essaim aura besoin d'une hausse, qu'on lui donnera huit ou dix jours après.

64. — *Histoires curieuses.*

Voici l'histoire de la ruche dont on vient de tirer l'essaim artificiel. Elle reçoit le jour même un grand nombre d'abeilles venant de la ruche forte dont elle occupe la place. Ces abeilles arrivent avec la confiance de gens qui croient rentrer chez eux; mais bientôt elles montrent de l'hésitation, quelques-unes ressortent de la ruche, s'envolent et reviennent. Cette hésitation, mêlée d'inquiétude, dure pendant toute la journée; du reste, on ne voit aucun combat; le lendemain, l'entente est aussi cordiale, aussi intime que possible. Les abeilles, pendant la nuit, se mettent à l'œuvre pour réparer la perte de leur reine (114). Trente-six heures après la séparation, on peut déjà voir des cellules royales commencées, elles ont alors la forme d'un calice à gland, dont le gland est sorti. Quatre jours et demi, à dater encore du moment de la séparation, quelques-unes des cellules royales seront fermées, d'autres sur le point de l'être, d'autres enfin seront abandonnées et laissées dans l'état où on les avait vues auparavant. Enfin, sept jours, à partir du moment où la première cellule aura été fermée, il en sortira une reine, dont le premier soin sera d'aller détruire ses rivales encore renfermées dans leurs cellules (115). Quelquefois les jeunes reines seront retenues prisonnières dans leurs alvéoles, de la même manière que pour les essaims secondaires ; dans ce cas, elles feront entendre leur chant treize jours après la séparation, et le lendemain ou les jours suivants, il sortira de la ruche un essaim tout aussi capricieux qu'un essaim secondaire, sortant et rentrant peut-être plusieurs fois avant de se fixer définitivement. Un tel essaim est un accident fâcheux, il faut le rendre à la mère le lendemain matin. Si le chant des reines ne se fait pas entendre treize jours pleins après que l'essaim artificiel aura été formé, il n'y a plus à craindre que la ruche essaime.

Ces essaims malencontreux ne se produisent que dans des ruches très-peuplées ; pour les autres, la première reine sortie de sa cellule détruit ses rivales le douzième jour, et avec un peu d'attention, on verra leurs cadavres tombés en avant de la ruche. Il y a un intervalle d'environ trente-six heures entre la naissance de la première reine et celle de la dernière. Les reines qui naissent dans ces ruches sont presque toujours nombreuses ; j'en ai trouvé jusqu'à dix ou douze.

Il nous reste maintenant à voir ce qui se passe dans le panier qui a cédé sa place à la ruche-mère de l'essaim artificiel. Dans les premiers jours, il se dépeuple étonnamment, les ouvrières retournent à leur ancienne place, et entrent, sans beaucoup de difficulté, dans la ruche orpheline. Pendant cinq ou six jours vous ne voyez plus rentrer personne, cependant le peu d'abeilles qui reste ne perd pas courage. On prend en famille le parti violent, mais décisif, de se débarrasser des bouches inutiles, en tuant les faux-bourdons. Quelquefois on est moins sévère, on les laisse vivre. La ruche paraît tellement dépourvue de population, qu'on pourrait regretter de l'avoir déplacée ; heureusement, elle ne tarde pas à se ranimer et à travailler avec une ardeur sans égale à réparer ses pertes, et un mois après, on la trouve presque aussi peuplée que les meilleures ruches. On ne le croirait pas si l'expérience ne l'attestait d'une manière décisive.

Si la population s'accroît si merveilleusement, il n'en est pas de même du miel. Le poids de la ruche n'augmente pas, aussi ne choisissez pour cette opération que des ruches très-peuplées et grandement munies de provisions d'hiver.

65. — 3e manière de faire des essaims artificiels.

La troisième manière de faire des essaims artificiels ne peut convenir qu'à des ruches composées de deux hausses seulement ; il faudra donc, à l'automne ou en mars, réduire à deux hausses les ruches qui en auraient trois, et que l'on destinerait à donner des essaims artificiels selon la troisième méthode.

Un essaim selon cette méthode exige les dispositions préparatoires qu'on emploie pour rajeunir les vieilles ruches (26), je vais les répéter en peu de mots. Dans les premiers jours de mai, on place sur la ruche un chapeau, et par le couvercle de celui-ci, on fait passer un petit bâton qui est fixé et maintenu au milieu des deux couvercles de la ruche

et du chapeau. Au lieu du petit bâton, on ferait mieux de
mettre un petit gâteau de sept à huit centimètres de largeur
et d'une longueur suffisante pour descendre sur le couvercle
de la ruche. Ce petit gâteau, pour être bien affermi à sa base
et à son sommet, devra être serré verticalement entre deux
petites baguettes, comme entre des tenailles. Les abeilles
viennent se fixer sur le gâteau et en construisent d'autres
parallèlement, à droite et à gauche. Dès que le chapeau est
plein, on met une hausse dessous, et par ce fait, il devient
ruche ; les abeilles du bas et du haut se trouvent alors sé-
parées ; mais leur premier soin est de rétablir les communications, ce qui a ordinairement lieu la nuit suivante.
Elles s'occupent à prolonger dans la hausse les gâteaux de
leur édifice, la reine y dépose ses œufs au fur et à mesure
de la construction des cellules ; elle choisit de préférence
les gâteaux du centre, les autres servent à emmagasiner le
miel. Ces gâteaux du centre sont construits plus vite que
les autres. Dès que la nouvelle ruche est aux quatre cinquièmes remplie de gâteaux, il est presque sûr qu'elle renferme des vers de tout âge et qu'avec ces vers, les abeilles,
pourront au besoin se créer une reine. C'est le moment le
plus favorable pour faire l'essaim. On y procèdera entre
sept et huit heures du soir, la manière est bien simple.

Après avoir soulevé et enfumé légèrement la nouvelle
ruche, on la porte provisoirement sur un plateau à quelque
distance. Quant à l'ancienne ruche, on n'y touche pas pour
le moment ; on se contente d'enfumer les abeilles qui sont
sur son couvercle dont on bouche ensuite l'ouverture ; la
reine se trouve quelquefois dans la nouvelle ruche, mais
plus souvent dans l'ancienne. Le lendemain, s'il est bien
constaté que l'ancienne ruche a gardé sa reine, cette ruche
conservera sa place ; la nouvelle ira remplacer une ruche

forte, et celle-ci sera portée plus loin. Si au contraire la
reine se trouve dans la nouvelle ruche, celle-ci sera portée
à la place de l'ancienne, laquelle à son tour remplacera une
ruche forte.

Il nous reste à savoir maintenant où est la reine. Avec
un peu d'attention, on le saura une heure ou deux après
la séparation. Voyons d'abord l'ancienne ruche : elle ne
paraît nullement affectée du changement qui vient d'avoir
lieu ; c'est le même bruissement à l'entrée ; c'est la même
tranquillité qu'auparavant ; le lendemain matin, même
calme, même indifférence pour tout ce qui s'est passé la
veille : sans aucun doute, la reine est là. Allons à la nouvelle ruche : les abeilles sont inquiètes ; les unes se
croisent en tous sens, elles paraissent à la recherche d'une
chose égarée ; d'autres pêle-mêle sont en bruissement, c'est
leur cri de détresse ; on entend dans l'intérieur un bourdonnement singulier. Ces signes sont très-apparents pour
quelques ruches, ils le sont moins pour d'autres, quelquefois même ils sont presque insensibles. Ce trouble, ce
désordre, quand ils sont modérés, indiquent que les ouvrières ont des vers qu'elles peuvent élever à la dignité
royale, et l'on doit être tranquille. Le lendemain matin,
tout sera rentré dans l'ordre ; mais lorsque l'agitation
s'accroît et dure plus de douze heures, c'est une preuve que
les abeilles sont dans l'impossibilité de remplacer leur reine,
et dans ce cas, le tumulte est excessif. Il n'y a qu'un
moyen de calmer les mouches, c'est de remettre les ruches
l'une sur l'autre comme avant l'opération, car l'essaim est
impossible.

J'ai été témoin de cette agitation des abeilles : la nuit,
elles n'osent s'aventurer au dehors ; mais de jour, elles vont
chercher leur reine en voltigeant tout autour du rucher ;

puis elles reviennent, puis elles ressortent avec une vivacité extrême. Cette agitation dure toute la journée. Voilà
ce qui se passe lorsque la ruche est restée à sa place, mais
quand elle a été changée, les abeilles sortent pour ne plus
rentrer, elles reviennent à leur ancienne place dans la
ruche qui a conservé la reine.

Observation. — Lisez attentivement les articles 142, 143
et 144.

66. — *4ᵉ manière de faire des essaims artificiels.*

La quatrième méthode de faire un essaim artificiel, je
l'appellerai *mixte*, parce qu'elle convient autant aux ruches
à hausses qu'aux ruches communes, lorsqu'on voudra remplacer peu à peu celles-ci par les ruches à hausses.

Dans les premiers jours de mai, on place un chapeau
contenant des gâteaux à petites cellules sous les ruches
les plus fortes; on bouche exactement toutes les issues, de
manière que les abeilles ne puissent entrer et sortir que par
le chapeau; au bout de sept à huit jours on met une hausse
sous le chapeau (164), et deux jours après, on peut procéder à la formation de l'essaim. Le moment le plus
convenable, c'est entre sept et huit heures du soir; on
soulève et on enfume modérément l'ancienne ruche; puis
on la porte sur un plateau à quelque distance; par cette
seule opération, tout est fait pour le moment. La reine sera
presque toujours dans l'ancienne ruche; et dans la nouvelle
ruche, qui est restée en place, il y aura presque toujours
des vers propres à être transformés en reines. Si le lendemain, la reine est dans l'ancienne ruche, et que les abeilles
de la nouvelle soient calmes, tout est bien ; les deux ruches
resteront comme elles sont placées. S'il est bien constaté,
au contraire, que la nouvelle ruche a gardé la reine, il faut

encore la laisser à sa place, mais on met l'ancienne à la place d'une ruche lourde et forte, pour en recevoir la population; quant à cette dernière, on la porte à quelque distance sur le rucher. Enfin, si la nouvelle ruche n'avait ni la reine ni de jeunes vers, l'essaim serait impossible; il n'y aurait autre chose à faire que de remettre les deux ruches l'une sur l'autre. On ne doit faire cette sorte d'essaim que sur des ruches qui ont leurs provisions d'hiver.

Si le chapeau, au lieu de contenir des gâteaux, était vide, il empêcherait rarement d'essaimer; souvent les abeilles se borneraient à y construire deux ou trois gâteaux à cellules de bourdons, et ensuite l'essaim sortirait sans qu'aucun symptôme nous permît de le prévoir.

Mais, direz-vous, par quel moyen peut-on se procurer des chapeaux contenant des gâteaux? Le voici. En mars, après avoir renversé les ruches dont vous voulez supprimer la hausse inférieure, au lieu de couper les gâteaux avec un couteau, passez un fil de fer entre la hausse inférieure et celle au-dessus, voilà que vous avez une hausse pleine; mettez ensuite et fixez avec des pointes un couvercle par-dessus; de cette manière, vous avez un chapeau tel que je vous le demande.

67. — *Perfectionnement aux essaims artificiels.*

J'ai été longtemps contrarié dans la pratique des essaims artificiels. Souvent les ruches d'où je les avais tirés essaimaient quatorze ou quinze jours après et souvent aussi, par suite de cet essaimage, elles devenaient orphelines. Après bien des essais inutiles, j'ai réussi enfin à empêcher ces ruches de donner un nouvel essaim. Voici le moyen que j'ai trouvé.

Plusieurs fois, j'avais introduit de jeunes reines dans

des ruches qui venaient de me fournir un essaim artificiel, et presque toujours je les avais trouvées mortes le lendemain ou les jours suivants. Espérant que les abeilles accueilleraient mieux une reine qu'elles auraient elles-mêmes couvée, je coupai, dans une ruche qui avait essaimé naturellement, un gâteau ayant à la fois une cellule royale fermée et du couvain d'ouvrières ; je le plaçai sous un grand verre à bière, et dans la crainte que la reine ne m'échappât, je mis le verre sur une pièce de toile métallique par où les ouvrières pussent seules passer. Je le plaçai sur une ruche d'où j'avais tiré un essaim artificiel douze heures auparavant. Aussitôt les abeilles entrèrent dans le verre par les trous nombreux de la plaque et couvrirent entièrement le couvain d'ouvrières et la cellule royale. Deux jours après, la reine sortit de sa cellule, je la laissai sous le verre douze heures environ ; je lui donnai ensuite la liberté d'entrer dans la ruche. Le lendemain, ne la trouvant pas morte, je pus croire qu'elle n'avait pas été mal accueillie. Je renouvelai cette expérience avec le même succès sur trois autres ruches. Quelques jours après, en visitant ces ruches, je vis à la vérité qu'elles avaient commencé des cellules royales, mais qu'elles les avaient abandonnées, et j'acquis ainsi la certitude que les jeunes reines avaient réussi à faire reconnaître leur autorité.

Les ouvrières m'ont toujours paru avoir plus d'affection pour le couvain de leur espèce, que pour les reines au berceau ; on sera donc plus sûr que celles-ci seront couvées, si le gâteau contient aussi du couvain d'abeilles ouvrières. Je pense bien qu'en attachant dans l'intérieur de la ruche le gâteau contenant la cellule royale, le résultat serait le même ; mais le plaisir de voir éclore la reine et les ouvrières fait que je continue à appliquer ma méthode. Pour que la

lumière ne contrarie pas les ouvrières dans leur travail
intime, on fera bien d'envelopper le verre avec une étoffe
de couleur noire.

68. — *Moyens de se procurer des reines.*

Dans les ruches fortes qui essaiment les premières, surtout si ce sont des essaims de l'année précédente, il y a un
nombre plus ou moins grand de jeunes reines au berceau ;
les unes sont à l'état de larves, les autres à l'état de chrysa-
lides ; toutes ne sont pas visibles à l'œil, mais on peut
toujours en apercevoir quelques-unes et les enlever aisément. Pour les ruches lombardes, plusieurs de ces reines
se trouvent dans la calotte ; il en est de même des ruches
à hausses ; quand ces dernières ont un chapeau par-dessus,
on trouve dans ce chapeau trois ou quatre cellules royales
toutes groupées au-dessus de l'ouverture du couvercle de
la ruche.

Pour se procurer des reines, voici un deuxième moyen
qui me semble préférable au précédent parce qu'on peut,
pour ainsi dire, les avoir à jour fixe. Vous placez une hausse
sous une très-forte ruche ; huit ou dix jours après, vous
faites avec cette ruche un essaim artificiel selon la première
méthode, c'est-à-dire par transvasement. Dans les nouveaux
gâteaux de la hausse, il y a des œufs et des vers d'ouvrières ; c'est là que vous trouverez la majeure partie des
reines que les abeilles auront élevées. Il sera facile de les
reconnaître et de les enlever. Il vous faut, par exemple,
des reines pour le 30 mai ; la hausse se place le 10 ; l'essaim
se fait le 20, et on s'empare le 30 des cellules qui toutes,
renferment des reines prêtes à éclore.

Troisième moyen. Si par hasard vous avez des chapeaux
contenant des gâteaux à petites cellules, placez-les sous

deux ruches fortes. Lorsque les gâteaux contiennent du miel, l'affaire n'en va que mieux; retirez les chapeaux huit ou dix jours après; il devra y avoir des œufs et des vers, du reste, il est aisé de le vérifier; réunissez-les l'un sur l'autre, et mettez-les à la place de l'une des deux ruches. Les abeilles de la ruche déplacée reviendront augmenter la population des chapeaux; elles construiront bon nombre de cellules royales, et les gâteaux n'ayant que la hauteur des chapeaux, c'est-à-dire dix centimètres environ, si vous les visitez avec attention, aucune reine ne vous échappera. Quand vous aurez enlevé ces dernières, moins une ou deux, placez une hausse entre les deux chapeaux; cette hausse, réunie au chapeau supérieur, formera une nouvelle ruche que vous abandonnerez à la garde de Dieu; elle réussira aussi bien qu'un essaim si la saison est bonne. A l'automne, vous aurez soin d'enlever le chapeau inférieur.

69. — *Ruches pouvant fournir des essaims artificiels.*

Beaucoup de miel et une très-forte population, voilà les deux conditions que doit réunir une ruche pour être en état de fournir un essaim artificiel. Ces deux conditions ne peuvent se rencontrer que dans une ruche d'une grande capacité, c'est-à-dire jaugeant de vingt-cinq à trente litres au moins. Mais il est facile de se faire illusion sur la quantité de miel que renferme une ruche très-peuplée. Le poids du couvain et des abeilles, à l'époque de l'essaimage, est beaucoup plus considérable qu'à la fin de l'hiver et à l'automne; pour prévenir toute erreur, nous allons décomposer le poids d'une ruche très-forte et pesant brut 15 kilogrammes.

Ruche vide qu'on suppose du poids de.....	5^k	500^g
Gâteaux et pollen....................	1	500
Couvain, environ.....................	1	000
Abeilles et bourdons	2	500
Total de tout ce qui n'est pas miel...	8^k	500^g

Retranchant ces 8 kilogrammes 500 grammes des 15 du poids brut, on trouve qu'une ruche, pesant brut 15 kilogrammes et réunissant une forte population à un nombreux couvain, n'aurait en magasin que 6 kilogrammes 500 grammes de miel, tandis qu'avec le même poids, à l'automne, elle en aurait 8 kilogrammes au moins. Il serait imprudent de tirer un essaim artificiel d'une telle ruche.

La ruche-mère d'un essaim par transvasement selon la première méthode, devra avoir de 6 à 7 kilogrammes de miel ; cette quantité est suffisante, parce qu'elle conserve à elle seule toutes les provisions. Mais si les essaims se font par séparation, selon la seconde et la troisième méthode, comme le miel est à peu près partagé entre la mère et l'essaim, il faudra 10 kilogrammes de miel afin que l'un et l'autre en aient chacun 5 kilogrammes environ. Mais, direz-vous, 10 kilogrammes de miel dans une ruche, c'est énorme ; à ce compte, on pourra rarement faire des essaims artificiels selon ces deux méthodes. Oui, j'en conviens, mais si vous avez eu soin de laisser, l'année précédente, des excédants de provisions, la chose ne sera plus si rare que vous le pensez, et vous vous applaudirez de votre prévoyance, quand vous voudrez vous donner le plaisir de faire des essaims artificiels.

En parcourant ce tableau, quelques personnes trouveront insuffisant le poids de la population, que je porte à 2 kilogrammes 500 grammes. Ces personnes auront vu quelque

4*

part qu'un bon essaim pèse déjà à lui seul de 5 à 4 kilogrammes ; elles me diront : Mais, si un bon essaim a réellement ce poids, évidemment la ruche qui l'a produit dépasse
de beaucoup votre estimation. Voici ma réponse. Un essaim
de 5 à 4 kilogrammes n'est, et ne peut être, qu'une réunion
de deux essaims qui, s'étant mêlés au moment du jet, n'ont
plus formé qu'un seul groupe. Un essaim naturel de
2 kilogrammes 500 grammes est même très-rare, et cependant un tel essaim n'épuiserait pas totalement une ruche
d'une population égale en poids, parce que les abeilles d'un
essaim, sortant approvisionnées, sont plus lourdes que celles
d'une ruche ordinaire. Voir l'article 40.

Pendant la saison des essaims, il y a dans les ruches
très-fortes une prodigieuse quantité de couvain, je ne crois
pas en exagérer le poids, en le portant à 1 kilogramme.

70. — *Difficulté pratique des essaims artificiels.*

Une grande difficulté se présente souvent dans la pratique
des essaims artificiels ; c'est que les essaims naturels sortent quelquefois avant que les ruches réunissent les conditions pour les essaims artificiels. Quand la saison des fleurs
est entremêlée de pluies chaudes et de beau temps, les
abeilles se multiplient étonnamment ; elles essaiment sans
vous, et peut-être malgré vous. Telle ruche, ayant à peine
quelques kilogrammes de miel, s'avisera néanmoins de
donner un essaim, soit parce que la population est trop
resserrée, soit peut-être aussi, parce que la reine ne rencontre plus de cellules vides où elle puisse déposer ses
œufs. Il faut alors donner des hausses à temps et suivre les
règles prescrites dans le n° 27. On réussira pour un grand
nombre de ruches à retarder l'essaimage, et pendant ce

temps-là, les provisions s'augmenteront et rendront possibles les essaims artificiels.

71. — *Quand ne doit-on plus faire d'essaims artificiels ?*

On doit renoncer tout-à-fait aux essaims artificiels dès qu'on voit arriver la fin de l'essaimage naturel. Ainsi le ralentissement du travail des abeilles, un commencement de guerre contre les bourdons, voilà des avertissements qu'il ne faut pas négliger ou méconnaître. Ce serait folie que de passer outre malgré ces avis donnés par les abeilles elles-mêmes. Cependant, si vous aviez des ruches très-peuplées qui eussent deux fois leurs provisions d'hiver, vous pourriez à la rigueur en tirer des essaims artificiels. Vous partageriez alors le miel par portions égales entre la ruche-mère et l'essaim. Ces essaims n'auraient lieu toutefois qu'à la condition qu'il resterait encore des bourdons dans quelques ruches.

72. — *Les essaims artificiels sont-ils avantageux ?*

Si vous en croyez quelques apiculteurs, c'est la poule aux œufs d'or que les essaims artificiels. A les entendre, c'est un moyen de tripler, de décupler en peu d'années le produit des abeilles.

Malheureusement, les faits ne répondent pas à leur langage. L'expérience prouve bientôt que si on réussit quelquefois, souvent on échoue ; et si on n'y met de la prudence, il y a plus à perdre qu'à gagner. D'autres condamnent d'une manière absolue ces essaims, parce que, disent-ils, on ne doit pas contrarier l'instinct des abeilles. Observons en cela, comme on doit le faire en tout, une juste mesure :

des essaims faits dans les circonstances et dans les conditions requises réussiront le plus ordinairement ; mais ces
circonstances et ces conditions ne se représenteront tout
au plus qu'une année sur deux.

Réservez donc ce moyen un peu hasardeux, pour des
cas de nécessité ou de convenance exceptionnelle. Par
exemple, votre rucher ne contient que peu de ruches, vous
ne voulez pas vous astreindre à faire la garde pour les
rares essaims qui peuvent en sortir ; dans ce cas, disposez
vos ruches pour en tirer des essaims artificiels, rien de
mieux. Ou bien, vous avez un grand rucher, mais il n'est
pas à votre portée, ou, quoique à votre portée, les essaims
vont se poser dans le jardin de votre voisin, rien de mieux
encore, dans ce cas-là, que des essaims artificiels. Enfin,
quelques-unes de vos ruches sont vieilles, très-peuplées,
très-lourdes ; tous les jours elles mettent votre patience à
l'épreuve, en vous refusant l'essaim qui vous réjouirait tant
le cœur ; usez alors des droits que Dieu vous a donnés sur
la nature, tirez-en un essaim artificiel. Hors ces cas, usez
de prudence et de réserve.

Je connais tous les inconvénients des essaims naturels ;
je sais qu'on en perd soit par la négligence des personnes
qui surveillent leur sortie, soit par le fait même des
abeilles qui prennent la fuite ; je sais encore que bon
nombre de ruches-mères deviennent orphelines et périssent
par suite d'un second essaimage ; mais je sais aussi qu'on
ne réussit pas toujours avec les essaims artificiels, et que
tout compte fait, les avantages et les inconvénients se
balancent de part et d'autre.

73. — *Époque où les abeilles ralentissent le travail.*

Dans nos contrées, les abeilles ne récoltent plus à partir

du 10 au 20 juillet; quelquefois le travail cesse dans les derniers jours de juin; d'autres fois il continue jusqu'au 15 août. Avec un peu d'attention, on pourra remarquer le jour où les fleurs commencent à faire défaut. Ne sachant à qui s'en prendre, les ouvrières font retomber leur mauvaise humeur sur les bourdons, et dans leur sage prévoyance, elles se débarrassent des bouches inutiles. Hier, les bourdons étaient de grands seigneurs, jouissant d'une haute considération; aujourd'hui ce ne sont plus que des parias, indignes de tout intérêt. Jusqu'alors, heureux possesseurs de colonies florissantes, ils n'avaient connu de la vie que le confortable : opulente oisiveté, promenades sous un beau soleil, table toujours bien servie; maintenant, victimes de l'insurrection ils sont traqués et poursuivis comme des bêtes fauves, ils sont ignominieusement condamnés à mourir de faim loin de leur patrie. Les enfants de la race proscrite ne sont point épargnés. Les ouvrières vont tirer de leurs berceaux les jeunes bourdons pour les jeter à la voirie, et les larves de ces malheureux, les œufs même sont sacrifiés sans miséricorde. C'est à peu près dans le moment du massacre ou de l'exil des bourdons que disparaissent aussi une multitude d'abeilles grises, aux ailes échancrées. Ce sont des vétérans mutilés qui, n'ayant pas notre Hôtel des Invalides, vont choisir leur dernier asile dans le champ si souvent illustré par leurs travaux.

L'expulsion des bourdons est un signe certain que les abeilles ne trouvent plus ou presque plus de miel à la campagne.

Un autre indice certain de la pénurie du miel, c'est quand le travail ordinaire se ralentit considérablement et que les abeilles, malgré le beau temps, ne font plus que sortir et rentrer pour ainsi dire une à une. Elles semblent avoir perdu toute leur activité; seulement chaque ruche a son moment d'ébats et de récréation entre midi et quatre heures; mais tout se borne à un mouvement passager d'abeilles qui veulent respirer plus librement au grand air.

74. — *Moment de récolter le miel des ruches.*

Le temps de la récolte du miel nous est annoncé par les abeilles elles-mêmes. Elles semblent nous dire : Voyez comme nous congédions les bourdons, comme nous éloignons de notre société tout ce qui est désormais inutile; c'est une nécessité inexorable qui nous y force, ce n'est point ingratitude de notre part. Le miel va nous manquer tout-à-fait; il faut pourvoir à notre nourriture et à celle de nos enfants, il faut aussi que vous vous indemnisiez vous-mêmes des soins que vous nous donnez. Pour satisfaire à ces devoirs de la nature et de la reconnaissance, nous sommes réduites à faire la guerre à des gens qui n'ont d'autre tort à nos yeux que d'avoir trop vécu.

On doit prendre le miel aussitôt que l'attaque générale est faite contre les bourdons, et sans attendre leur déroute complète. Il y aurait de grands inconvénients à négliger ce moment. En effet, quand les abeilles commencent à ne plus rien trouver à la campagne, elles se tiennent dans leurs ruches et il est extrêmement difficile de leur faire abandonner leurs gâteaux. Elles sont hargneuses, intraitables, mais ce n'est encore là que le moindre inconvénient. Une demi-heure après l'opération commencée, des masses d'abeilles attirées par l'odeur viennent s'abattre sur le miel et sur les ruches dans lesquelles vous travaillez. Lorsque vous avez fini et que votre miel est transporté à la maison, vous croyez peut-être que tout est bien ; non. Ces abeilles dont vous avez excité la convoitise, ne trouvant plus au dehors de quoi la satisfaire, se jettent avec fureur et de préférence sur les ruches que vous venez de récolter, ainsi que sur celles qui ont pu perdre leur reine par suite de l'essaimage. Les habitants de ces dernières résistent rarement à cette impétueuse agression ; et les pillardes, quand elles ne réussissent pas à forcer le passage, périssent misérablement sous les coups de leurs adversaires.

A ceux qui ont laissé passer le moment convenable, je conseille de ne prendre le miel qu'à deux ou trois ruches à la fois et sur le soir. Les jours suivants, ils pourront passer à d'autres ; mais aussitôt qu'ils verront les abeilles s'abattre en grand nombre sur le miel, ils devront cesser et remettre leur travail à un autre jour.

Un motif qui doit encore déterminer à récolter les ruches à l'époque indiquée ci-dessus, c'est que le miel est d'autant plus blanc qu'il a moins séjourné dans la ruche. Qu'on essaie d'en prendre moitié en juillet et moitié en septembre, on verra une grande différence de l'un à l'autre pour la blancheur et le goût. D'un autre côté, le miel en juillet étant plus chaud et plus liquide, il se séparera plus facilement du marc, et le pressoir ou la chaleur du four n'aura plus à faire couler qu'une faible quantité de miel de second choix.

Ce conseil de récolter avant l'entière destruction des bourdons s'adresse particulièrement aux propriétaires des ruches communes. On peut attendre et choisir son temps pour les ruches à hausses, le pillage n'est point à craindre avec ces dernières pour peu qu'on opère avec soin.

75. — *Miel nécessaire pour la saison morte.*

Il est important de connaître la quantité de miel qu'il faut laisser aux abeilles pour les provisions d'hiver. Combien de ruches périssent victimes de l'ignorance et de l'avidité des *preneurs de miel!* Oui, des ruches auxquelles on avait dérobé du miel en juillet, je les ai vues périr de faim dans le mois de février suivant. On ne saurait trop le répéter, la trop grande multiplication des essaims et la cupidité des propriétaires sont pour les ruchers deux causes fréquentes de ruine.

Il arrive assez souvent que les ruches, excepté celles des essaims et de leurs mères, perdent de 15 à 20 hectogrammes de leur poids depuis la mi-juillet jusqu'aux premiers jours de septembre. L'absence des bourdons, une diminution notable de la population et du couvain contribuent à cette réduction de poids; car dans le mois de septembre il n'y a plus de bourdons, il reste peu de couvain et le nombre des ouvrières se trouve réduit d'un tiers. On doit s'estimer heureux quand on retrouve en septembre le même poids qu'en juillet, parce que cela prouve que les abeilles ont remplacé en miel ce qu'elles avaient en couvain et en population. D'après ces données et pour ne pas s'exposer à des mécomptes, il faut, en prenant du miel au mois de juillet, laisser aux ruches de 15 à 20 hectogrammes de plus que si on le prenait en septembre.

Maintenant il nous reste à savoir quelle est la consommation d'une ruche depuis le 1er septembre jusqu'au 1er mai.

D'après des expériences plusieurs fois répétées, expé-

riences que je vais mettre sous les yeux du lecteur, la
consommation de chaque ruche pendant ces huit mois varie entre 6 et 8 kilogrammes de miel, selon les années et la
population des ruches. Généralement parlant, les ruches
très-fortes ont besoin d'un peu plus de miel que les autres,
c'est ce qui arrive surtout en mars et en avril ; cependant,
il n'est pas rare de voir des ruches médiocres consommer
plus que d'autres ruches mieux peuplées. C'est un fait bien
constaté et dont la cause m'est inconnue.

Pour me résumer : Si vous faites la récolte en juillet,
laissez à chaque ruche de 9 à 10 kilogrammes de miel ;
laissez-en de 7 à 8 seulement, si vous la faites en septembre. Avec de telles provisions, soyez sans inquiétude sur
le sort de vos abeilles.

76. — *Première expérience.*

Pour cette première expérience, vingt-sept paniers com-
posant deux ruchers ont été pesés très-exactement, le 5
septembre 1840 et le 9 mars 1841. L'intervalle est donc de
187 jours. La 1re colonne du tableau est le n° d'ordre ; la
seconde marque le poids brut des ruches au 3 septembre ;
la troisième, le même poids brut au 9 mars ; la quatrième
nous donne la différence du premier au second poids, c'est-
à-dire, la quantité de miel que chaque ruche a consommée
depuis le 3 septembre jusqu'au 9 mars ; enfin, la cinquième
indique la force relative de la population que chaque
ruche paraissait avoir dans les journées de travail du mois
d'avril 1841, par conséquent un mois après la dernière
pesée.

N° D'ORDRE.	POIDS BRUT DES RUCHES		DIFFÉRENCE.	POPULATION RELATIVE.
	3 septembre.	9 mars.		
1	12^k, 375	5^k, 965	6^k, 410	3
2	11 , 500	7 , 090	4 , 410	3
3	12 , 500	8 , 590	3 , 910	3
4	11 , 550	6 , 900	4 , 650	3
5	9 , 560	5 , 400	4 , 160	5
6	8 , 685	4 , 850	3 , 855	3
7	8 , 595	4 , 985	3 , 610	5
8	12 , 250	8 , 200	4 , 050	3
9	15 , 185	10 , 720	4 , 460	2
10	15 , 750	11 , 050	4 , 700	4
11	15 , 315	10 , 695	4 , 620	2
12	17 , 685	12 , 300	5 , 385	4
13	15 , 625	11 , 510	4 , 115	3
14	15 , 185	9 , 330	5 , 855	2
15	13 , 780	8 , 740	5 , 040	2
16	16 , 000	10 , 560	5 , 640	3
17	17 , 500	12 , 450	5 , 070	5
18	18 , 125	13 , 560	4 , 565	1
19	14 , 000	9 , 040	4 , 960	3
20	15 , 845	9 , 950	5 , 895	5
21	14 , 970	9 , 135	5 , 835	2
22	8 , 750	5 , 665	3 , 085	4
23	18 , 000	12 , 230	4 , 770	2
24	15 , 500	9 , 465	6 , 035	2
25	19 , 875	14 , 400	5 , 475	3
26	20 , 750	14 , 650	6 , 100	1
27	11 , 470	7 , 195	4 , 275	3

Observations. — Les numéros 18 et 26, dont la population est classée au premier rang par le chiffre 1, étaient des ruches tout-à-fait exceptionnelles ; et cependant la première n'a consommé que 4 kilogrammes 565 grammes de miel, tandis que d'autres, beaucoup moins peuplées, en ont absorbé davantage.

Les numéros 5, 7, 20, dont la population est classée au dernier rang par le chiffre 5, étaient des ruches faibles, et malgré cela, elles ont consommé, presque autant que d'autres beaucoup plus fortes, celles par exemple qui sont classées au chiffre 3, et qui étaient de bonnes ruches ordinaires.

N'oublions pas qu'il fallait encore au moins 2 kilogrammes 500 grammes de miel à chaque ruche passablement peuplée, pour vivre depuis le 9 mars jusqu'au 1er mai. Avec ce supplément nous arrivons à la quantité de 7 à 8 kilogrammes de miel, quantité que je regarde comme nécessaire à une ruche pour subsister depuis le 1er septembre jusqu'au 1er mai suivant.

Les numéros du tableau dont le poids brut au 5 septembre ne dépassait pas 14 kilogrammes, ont été fournis par de petites ruches à deux hausses de la capacité de 16 à 18 litres; les autres avaient trois hausses et par conséquent étaient plus grandes d'un tiers.

77. — *Deuxième expérience.*

La deuxième expérience a été faite sur un rucher composé de dix-sept paniers. La pesée a eu lieu le 12 octobre 1841, le 15 mars et le 18 avril suivants. La deuxième colonne donne le poids brut au 12 octobre; la troisième, le même poids brut au 15 mars; la quatrième, la différence du premier au second poids, c'est-à-dire la quantité de miel consommée dans l'intervalle du 12 octobre au 15 mars; la cinquième, indique le miel consommé depuis le 15 mars jusqu'au 18 avril; enfin la sixième, qui est l'addition de la quatrième et de la cinquième, accuse tout le miel consommé du 12 octobre au 18 avril.

N° D'ORDRE.	POIDS BRUT		DIFFÉRENCE.		
	12 octobre.	15 mars.			
1	9^k,550	5^k,600	3^k,950	1^k,405	5^k,355
2	11,580	7,870	3,510	1,815	5,325
3	8,950	5,660	3,290	1,440	4,730
4	13,770	10,060	3,710	1,585	5,295
5	11,490	7,895	3,595	1,595	5,190
6	11,110	6,930	4,180	1,650	5,830
7	17,750	13,010	4,740	2,115	6,855
8	10,990	7,760	3,250	1,375	4,605
9	11,020	7,290	3,230	1,190	4,420
10	9,200	6,070	3,130	1,250	4,380
11	9,130	6,300	2,830	1,150	3,980
12	15,920	12,130	3,790	1,695	5,485
13	9,550	5,980	3,570	1,140	4,710
14	10,890	7,890	3,000	1,235	4,235
15	13,600	9,500	4,100	1,595	5,695
16	13,870	9,580	4,290	1,825	6,115
17	12,850	8,780	4,070	1,415	5,485

Observations. — On voit par ce tableau que la consommation est plus forte en mars et en avril que dans les autres mois. Ainsi le numéro 7 qui a dépensé 2 kilogrammes 115 grammes pendant 34 jours, du 15 mars au 18 avril, n'a dépensé que 4 kilogrammes 740 grammes pendant 154 jours, du 12 octobre au 15 mars.

L'année 1841 a été mauvaise : c'est à peine si les abeilles ont pu faire leurs provisions d'hiver. Les ruches étaient moins peuplées que dans les années ordinaires; car, il ne faut pas l'oublier, la population en septembre est généralement en proportion avec le miel que les mouches ont amassé. Il n'est donc pas étonnant qu'elles aient mangé un peu moins que l'année précédente.

Le lecteur a pu remarquer que l'expérience n'ayant commencé que le 12 octobre pour finir au 18 avril, il reste à estimer approximativement le miel qui a dû être consommé depuis le 1er septembre jusqu'au 12 octobre, et celui qui était nécessaire entre le 18 avril et le 1er mai, en tout la nourriture de 54 jours. Or elle peut bien être estimée à 15 hectogrammes, et cette dernière quantité étant ajoutée à la sixième colonne, porte à 6 et à 7 kilogrammes de miel la dépense de chaque ruche depuis le 1er septembre 1841 jusqu'au 1er mai suivant. C'est un kilogramme de moins que pour l'année précédente, mais aussi, nous venons de le dire, les ruches étaient moins lourdes et moins peuplées.

78. — *Troisième et dernière expérience.*

La troisième expérience, ainsi que la deuxième, a été faite sur le même rucher. La deuxième colonne représente le poids brut au 6 octobre 1842 ; la troisième, le même poids brut au 18 mars suivant ; la quatrième, la différence du premier poids au deuxième, c'est-à-dire le miel consommé entre le 6 octobre et le 18 mars.

N° D'ORDRE.	POIDS BRUT		DIFFÉRENCE.
	6 octobre.	18 mars.	
1	16^k, 140	10^k, 410	5^k, 730
2	11 , 620	6 , 590	5 , 230
3	21 , 765	16 , 510	5 , 455
4	19 , 470	12 , 220	6 , 250
5	14 , 905	9 , 330	5 , 575
6	10 , 005	4 , 980	5 , 025
7	12 , 565	7 , 010	5 , 555
8	21 , 275	16 , 490	4 , 785
9	16 , 960	12 , 530	4 , 430
10	20 , 650	15 , 285	5 , 365
11	21 , 250	15 , 840	5 , 390
12	10 , 110	5 , 060	5 , 050
13	17 , 585	11 , 510	6 , 275
14	12 , 225	7 , 010	5 , 215
15	21 , 370	12 , 660	8 , 710
16	17 , 855	12 , 600	5 , 255
17	9 , 550	5 , 010	4 , 520

Observations. — Ce n'est pas exagérer que d'ajouter 1 kilogramme 500 grammes pour la dépense que les abeilles ont dû faire du 1er septembre au 6 octobre, et du 18 mars au 1er mai, en sorte que nos ruches se trouvent avoir consommé, terme moyen, 7 kilogrammes de miel entre le 1er septembre et le 1er mai.

Le numéro 15 a subi une déperdition énorme ; il a détruit à lui seul presque autant de miel que deux autres. Dans les deux premières expériences on a pu remarquer aussi, pour certaines ruches, une très forte dépense, en disproportion avec les bouches qu'elles avaient à nourrir. Je croirais volontiers qu'elles ont été victimes de fréquents larcins, de la part de quelques autres ruches dont les frais ne se sont pas montés assez haut pour d'aussi grands ménages.

L'été de 1842 a été favorable à nos mouches. N'ayant pas essaimé, elles ont amassé beaucoup de miel. J'en avais enlevé de 6 à 7 kilogrammes à bon nombre de ruches, avant la pesée du 6 octobre ; c'était commettre la faute du propriétaire trop avide, c'était prendre outre mesure à quelques-unes ; aussi ai-je été puni l'année suivante : car toutes celles que je n'avais pas ménagées et qui étaient d'abord, les plus peuplées et les plus lourdes, sont devenues les moins fortes au printemps suivant (96).

79. — *Estimer le miel d'une ruche.*

Vouloir estimer au juste le miel que renferme une ruche, est chose impossible. On pourra se tromper de 1 kilogramme en juillet et de 500 grammes en septembre. Les calculs que nous allons donner ne sont donc faits qu'approximativement.

Nous supposons que la pesée a lieu sur la fin de juillet et lorsque les bourdons ont en grande partie disparu. Nous prenons pour exemple deux ruches de capacités égales et jaugeant de 25 à 30 litres. La première est très-forte, mais les gâteaux sont anciens ; la seconde est très-forte aussi, mais c'est un essaim de l'année. De la première (outre le poids de la ruche vide), il faut distraire 1 kilogramme 500 grammes pour la cire, 2 kilogrammes pour les abeilles, 1 kilogramme au plus pour le couvain : en tout 4 kilogrammes 500 grammes. De l'essaim, il faut distraire 2 kilogrammes pour les abeilles, 1 kilogramme pour le couvain et 800 grammes seulement pour la cire : en tout 5 kilogrammes 800 grammes. Le poids du couvain est peut-être exagéré, surtout pour la première ruche. Celui de la

population, que je porte à 2 kilogrammes, est grandement
suffisant. N'oublions pas que neuf abeilles prises dans un
essaim deux heures après sa sortie, pèsent autant que onze
autres à leur état habituel (40) : en sorte qu'une ruche ayant
2 kilogrammes d'abeilles est aussi forte qu'un essaim qui
pèserait 2 kilogrammes 500 grammes au moment de sa
sortie.

On peut porter l'estimation d'une population ordinaire à
1 kilogramme 500 grammes seulement, et le couvain à
500 grammes.

Enfin, si la pesée se fait en septembre, on réduira un
peu le poids de la population, et considérablement celui du
couvain. Je me rappelle à cette occasion avoir éthérisé
complètement les abeilles d'une forte ruche et les avoir
pesées ensuite très-exactement. C'était en septembre ; eh
bien! le poids de toutes ces mouches n'a pas dépassé
1 kilogramme 600 grammes. Il est bon d'ajouter que la
ruche, malgré cette opération, a essaimé l'année suivante.

Si les ruches sont moins grandes d'un tiers, il est bien
entendu qu'on réduira d'autant le poids des gâteaux ; il
faudra même réduire un peu celui du couvain et de la
population. Je crois qu'avec toutes ces mesures, on arrivera
à connaître presque mathématiquement la quantité de miel
contenu dans chaque ruche. Pour cela, il suffira de retrancher du poids total de la ruche, celui de la ruche vide, des
abeilles, du couvain et de la cire, le reste sera nécessairement le poids du miel.

80. — *Balances à peser les ruches.*

Lorsque je veux faire des expériences spéciales et obtenir
des résultats très-exacts, je me sers de la balance à fléau.
S'agit-il de savoir combien il faut de miel pour la consom-

mation d'une ruche dans un temps donné, de comparer le
travail de deux essaims du même jour, mais de population
différente, la balance à fléau me donne, dans ces cas et
autres semblables, la précision que je désire. Pour l'économie ordinaire du rucher, je me sers d'une balance à ressort
appelée peson. Elle est moins exacte, mais d'un usage plus
commode. Avec cette balance je connais le poids des ruches
à quelques hectogrammes près. Je sais si les provisions sont
au-dessus ou au-dessous des besoins de la mauvaise saison.
Je suis enfin fixé sur la quantité de miel que je puis extraire.

Quelques personnes pourraient s'effrayer de mes balances
et s'imaginer que peser des ruches, ce doit être bien embar-
rassant, bien dangereux ; rien n'est plus simple cependant.
On va s'en convaincre.

Prenez trois bouts de ficelle de cinquante centimètres de
longueur, attachez-les par l'une des extrémités à un anneau,
armez-les chacune, à l'autre extrémité, d'un petit crochet en
fer ; ces trois crochets serviront à saisir la ruche par trois
points de sa circonférence, et l'anneau, s'accrochant au peson
ou à l'un des bras de la balance, tiendra la ruche en suspens.
Quand on pèse avec la balance à fléau , on la fixe à une
hauteur convenable, après avoir détaché un de ses plateaux ;
on va saisir ensuite avec les crochets, la ruche légèrement
enfumée; on l'enlève au moyen des cordes et de l'anneau,
et on la suspend au fléau à la place du bassin qu'on a ôté.
Seul et dans une heure et demie, je puis peser de la sorte
vingt ruches. Avec le peson je me sers rarement des ficelles
et des crochets ; j'enlève la ruche, je l'accroche tout simplement au peson, et la besogne est faite encore plus vite.

81. — *Récolte du miel des ruches à hausses.*

Pour récolter le miel des ruches à hausses, il y a deux

méthodes qu'on peut indifféremment employer : car, si l'une nous donne un miel plus beau, l'autre convient peut-être mieux aux abeilles.

La première consiste à placer en mai un chapeau (164) par-dessus les ruches à trois hausses (27). Les hausses suffisent pour loger le couvain et les provisions d'hiver ; et, quand le chapeau renferme du miel, on est à peu près assuré de pouvoir l'enlever sans nuire aux abeilles. Il n'y a donc pas grande nécessité de peser la ruche.

La seconde méthode exige que, au fur et à mesure des besoins, on ajoute successivement de nouvelles hausses par-dessous les ruches. Une ruche à quatre hausses est presque toujours assez grande pour loger le couvain et le miel que les abeilles peuvent amasser, même dans une bonne année. Le poids brut d'une telle ruche peut aller à 50 kilogrammes. Veut-on procéder à la récolte, on passe un fil de fer entre la hausse supérieure et la voisine, et sur celle-ci on adapte immédiatement un couvercle plat (167). On en fait autant les années suivantes, et les gâteaux se trouvent ainsi renouvelés périodiquement.

82. — *Premier mode.*

La première manière de récolter le miel des ruches à hausses consiste, nous venons de le dire, à enlever le chapeau qui les recouvre. On peut, pour cette opération, choisir le mois de juillet ou celui d'août : il n'y a pas de pillage à craindre. Le mieux serait de récolter en juillet par une journée chaude ; le miel serait plus liquide ; il se séparerait du marc plus vite et plus complètement.

Nous voici à l'œuvre. Nous décollons le chapeau, nous y soufflons quelques bouffées de fumée, pour calmer les mouches ; nous l'enlevons et le mettons à terre, une minute ou deux, temps nécessaire pour ôter les moindres parcelles de miel qui se trouvent sur le couvercle et en fermer l'ouverture, nous transportons le chapeau à la maison, dans une chambre dont les croisées sont fermées. Nous allons chercher les autres chapeaux successivement et avec les mêmes précautions, en les plaçant à une distance de 30 à 45 centimètres et dans un ordre tel que nous puissions nous rappeler, deux heures après, à quelle ruche appartient chacun d'eux. Les abeilles se troublent bientôt, elles s'agitent, puis elles abandonnent peu à peu les chapeaux : c'est le moment d'ouvrir les croisées. Ici la fumée retarderait plutôt qu'elle ne hâterait le départ des abeilles.

Mais voici peut-être un chapeau qui ne fait pas comme les autres. Les mouches ne songent point à l'abandonner, elles ne paraissent nullement émues de ce qui vient d'avoir lieu ; d'autres mouches des chapeaux voisins vont même les rejoindre : c'est que la reine est là. Que faire alors ? Il faut opérer par transvasement, mettre un chapeau vide par-dessus celui qui est plein, passer une serviette en forme de cravate pour fermer toutes les issues, tambouriner sur le chapeau plein, afin de forcer les abeilles à monter dans celui qui est vide. Lorsqu'elles y sont montées, on les porte sur la ruche à laquelle elles appartiennent, après en avoir débouché le couvercle. On voit par là combien est important de reconnaître l'ordre dans lequel ont été placés les chapeaux.

Il ne reste plus qu'à retirer le miel, ce que tout le monde peut faire sans avoir besoin de maître.

83. — *Second mode.*

La seconde méthode présente plus de difficultés, et, si l'on n'y prend garde, elle expose même les ruches au pillage. Elle consiste à couper avec un fil de fer les gâteaux entre la hausse supérieure et la suivante. Entrons dans quelques détails.

Avant tout, grattez soigneusement le pourget (168) entre les deux hausses dont nous venons de parler; ôtez tout obstacle, tel que clous ou ficelles; faites ces dispositions préparatoires sur toutes les ruches; ayez deux fils de fer sous la main, l'un pour remplacer l'autre au besoin; ayez aussi du pourget en quantité suffisante. Le moment le plus favorable est de cinq heures du soir jusqu'à huit.

Une seule personne peut à la rigueur faire la besogne, mais un aide est bien utile. On débouche le couvercle : c'est par là qu'on enfume la ruche, jusqu'à ce qu'on voie les abeilles sortir par le bas. Cette fumée est indispensable pour chasser la reine de la hausse supérieure et prévenir la fureur des mouches. On regarde par l'ouverture du couvercle dans quelle direction sont les gâteaux, puis on referme. Au moyen d'un petit coin ou d'un ciseau, on introduit le fil de fer entre les deux hausses et on le place de façon qu'il croise tous les gâteaux. Si l'on est deux, l'un tire le fil de fer et scie en quelque sorte les gâteaux, pendant que l'autre maintient la ruche. Les gâteaux étant coupés, on soulève la hausse supérieure, pour passer vite un couvercle entr'elle et les trois hausses du bas; on met trois petits coins d'un centimètre de hauteur entre le couvercle et la hausse supérieure, afin que les gâteaux de celle-ci ne posent pas sur le couvercle et n'interceptent pas la circulation des abeilles. Après cette première opération qui est d'ailleurs la plus importante, on calfeutre soigneusement les hausses et le couvercle.

Dès le lendemain, bien qu'on puisse attendre une quinzaine de jours, on procède à l'enlèvement de la hausse supérieure, enlèvement qui se fait absolument comme celui des chapeaux dont nous avons parlé dans l'article précédent.

Quand la ruche à quatre hausses pèse brut 25 kilogrammes, on peut, sans craindre de nuire aux abeilles, enlever tout le miel que contient la hausse supérieure. Mais si le poids brut ne monte qu'à 22 ou 23 kilogrammes, on ne tire qu'une partie du miel de la hausse supérieure, puis on replace sur la ruche cette hausse avec ce qui lui reste, en lui laissant de préférence les gâteaux du centre. Enfin, si la ruche ne pèse brut que de 18 à 20 kilogrammes, on n'y touche pas, on nuirait considérablement aux abeilles et encore plus à soi-même.

Passer un fil de fer à travers tous les gâteaux, c'est effrayant, s'écrieront quelques novices : tout l'édifice va crouler et ensevelir les habitants sous ses ruines. Rassurez-vous, il n'en sera rien. Les gâteaux sont soudés aux parois de la ruche, ils sont soutenus par des baguettes transversales ; rien ne tombera, rien ne s'affaissera. La seule recommandation à faire, c'est de ne pas travailler par une chaleur trop grande, de ne pas déranger les hausses inférieures, et de ne jamais faire cette opération sur des essaims de l'année, parce qu'alors les gâteaux n'ont pas assez de consistance pour résister à une telle épreuve.

84. — *Récolte du miel des ruches communes.*

Les propriétaires de ruches communes n'ont pas tous le même mode d'aménagement. Les uns ont de grands paniers d'une capacité de 25 à 50 litres, ils réunissent tous les essaims faibles ou tardifs, et suppriment en août tout ce qui est vieux ou sans provisions suffisantes : c'est la meilleure méthode. Les autres veulent de petites ruches de 16 à 20 litres. Ils ne se donnent pas la peine de doubler leurs

essaims ; leur manière de récolter consiste à sacrifier les
ruches les plus lourdes, c'est-à-dire les meilleures ; ils
détruisent également celles qui n'ont pas assez de provisions, et nous savons si le nombre en est grand dans les
mauvaises années. D'autres enfin affectionnent aussi les
petites ruches. Ils vont y fureter quelques rayons de miel,
et souvent ils ne s'en tiennent pas là, ils enlèvent aux malheureuses abeilles le quart ou la moitié de leurs provisions,
en disant : Elles rempliront le vide, la saison est encore
bonne.

Voyons s'il n'y a rien de mieux que ces trois méthodes.

85. — *Premier mode.*

Nous avons affaire à une grande ruche, ou, ce qui
revient au même, à une petite munie d'une hausse pour
compléter la capacité de 25 à 30 litres. Cette ruche, quand
elle est bien pourvue de miel, pèse brut de 22 à 24 kilogrammes ; en la récoltant on peut en réduire le poids à 16,
car le panier vide ne pesant guère que 5 kilogrammes, et
le décompte des abeilles, du couvain et de la cire étant fait,
il restera encore au moins 8 kilogrammes 500 grammes de
miel, ce qui est suffisant pour les besoins. Il ne faut en
aucun cas toucher aux provisions nécessaires, on doit toujours se conduire comme si les abeilles ne devaient plus
rien amasser.

Tout cela étant bien entendu, nous faisons nos apprêts
pour la récolte. Il nous faut une terrine à mettre le miel,
un seau d'eau pour laver les mains, trois ou quatre tuiles
creuses pour couvrir les ruches, un couteau à miel un peu
recourbé, un tout petit balai pour faire tomber les abeilles,
enfin du pourget et un bon fumoir.

Nous arrivons à la ruche, nous y introduisons d'abord

quelques bouffées de fumée par la porte ; ensuite, après l'avoir décollée et soulevée au moyen d'une petite cale, nous l'enfumons de nouveau pour mettre les abeilles en état de bruissement, nous transportons la ruche à la place désignée près des ustensiles, nous la renversons à ciel ouvert ; là, après avoir reconnu la partie occupée par le miel, nous plaçons une tuile creuse sur l'autre partie, celle où se trouve le couvain.

La fumée et les coups donnés avec le couteau à miel forcent les mouches à se réfugier sous la tuile. Dès que les gâteaux deviennent libres, on les enlève et on chasse les quelques abeilles qui s'y trouvent ; puis, on secoue ou on balaie la tuile pour faire tomber toutes les mouches dans la ruche, qui à l'instant est reportée à sa place.

Cette méthode ne présente ni difficulté ni danger d'aucune nature, quand la saison est encore bonne ; mais lorsque la campagne n'offre plus aucune ressource, il est bien difficile de maîtriser les abeilles : elles s'obstinent malgré la fumée, à rester au fond de leurs gâteaux. Ce sont des piqûres, des mouches engluées, d'autres mouches qui s'abattent sur le miel : c'est à lasser votre patience. Ce n'est pas encore tout. L'odeur du miel a réveillé les autres ruches et a provoqué leur convoitise. Tout le monde veut avoir sa part du butin, c'est un mouvement général, une confusion inquiétante ; et, si l'on ne se hâte de rétrécir les portes des ruches, de calfeutrer celles auxquelles on vient de toucher, le pillage est imminent.

Je me suis vu quelquefois obligé de transporter les ruches dans une chambre, d'en tirer le miel, de les reporter au rucher et de les calfeutrer immédiatement ; puis, lorsque le travail était terminé, d'ouvrir les croisées pour laisser aux mouches la liberté de retourner chez elles.

Il ne faut pas oublier de rejeter dans la ruche les abeilles réunies sous la tuile, parce que la reine s'y trouve quelquefois.

86. — *Second mode*.

La deuxième manière de récolter le miel des ruches communes répondra à toutes les exigences de celui qui veut du miel, ou qui veut réduire son rucher ; et tout cela, sans dommage pour les abeilles. Je pratique cette méthode, j'en garantis le succès.

Un propriétaire ne voulant conserver qu'un certain nombre de paniers sur son rucher, supprime tout ce qui dépasse ce nombre, il a bien soin de ne détruire que les vieilles ruches, puis celles qui n'ont pas leurs provisions, et enfin celles qui n'ont point de reine. Jusque-là tout est bien : mais ordinairement la manière de procéder est déplorable. On étouffe brutalement avec du soufre les pauvres abeilles qui ne demandent qu'à vivre pour être utiles. Le moyen suivant respecte tout à la fois la vie des mouches et les intérêts du maître. Le lecteur en jugera.

Quand on s'aperçoit que les bourdons disparaissent et que la récolte du miel touche à sa fin, on prend note de toutes les ruches à supprimer, et on choisit pour le faire une belle journée entre midi et quatre heures. La première ruche à détruire est vieille, elle est voisine d'une autre que vous voulez conserver ; soufflez d'abord dans la première quelques bouffées de fumée ; ensuite, après l'avoir soulevée et maintenue ainsi avec une petite cale, mettez les abeilles en état de bruissement, faites exactement la même chose pour la ruche voisine, c'est-à-dire provoquez-y aussi le bourdonnement intérieur ; quand vous en êtes là avec cette dernière ruche, enlevez-la pour un moment ; mettez à sa place la première, après l'avoir renversée à ciel ouvert; puis placez l'autre par-dessus. Ainsi la ruche que vous voulez conserver se trouve par-dessus celle que vous vous proposez de supprimer. Soufflez encore quelques bouffées de fumée, calfeutrez ensuite les deux ruches en ne laissant qu'une étroite entrée pour le passage des abeilles; pratiquez la même opération sur toutes les ruches à supprimer.

Quand je vous dis de réunir la vieille ruche à sa voisine, je n'entends pas vous en faire une loi; vous êtes parfaitement libre de la placer sous une autre, à quelque distance.

Voyons maintenant ce qui se passe dans nos ruches. Quand on enfume convenablement, il n'y a point de combat; une des reines périt, l'autre établit presque toujours sa résidence dans la ruche supérieure; c'est là qu'elle continue sa ponte, c'est là que la famille se concentre; le couvain de la ruche renversée éclot tous les jours, mais il n'est pas remplacé; les dernières mouches naissent et sortent de leur cellule vingt-et-un jours après la réunion. A partir de ce moment, et pas auparavant, on peut enlever cette ruche inférieure, la porter dans une chambre; là, les abeilles l'abandonnent volontairement et sans fumée, et il est aisé de s'en approprier les provisions. Quelquefois les mouches n'abandonnent pas la ruche, c'est une preuve que la reine s'y trouve; dans ce cas, qui est rare, il faut remettre la ruche comme elle était, pour la reprendre plus tard.

Nous avons dit que la reine établit presque toujours sa demeure dans la ruche du haut; le contraire peut avoir lieu; la ponte alors continue dans la ruche inférieure et cesse dans l'autre. Lorsque ce fait arrive, il ne reste autre chose à faire que d'attendre à l'automne pour supprimer celle des deux ruches qui n'aura pas de reine.

Des gens qui se font des difficultés de tout vont me dire : Les dimensions de mon rucher s'opposent à ce que je place ainsi ruche sur ruche. Non, prenez plus de souci de vos abeilles et vous trouverez moyen de faire des changements qui vous permettront de mettre et de consolider un panier sur un autre panier renversé.

Réduire un rucher devient une affaire bien simple avec les ruches à hausses. Après avoir enfumé convenablement les deux ruches que l'on veut réunir, on porte celle qui doit être supprimée, par-dessus l'autre dont on a débouché le couvercle, et on calfeutre soigneusement les deux ruches, en ne laissant qu'une seule porte, celle du bas. La reine qui survit, s'établit presque toujours dans la ruche inférieure ; c'est donc la ruche supérieure qui, n'ayant plus de couvain vingt-deux jours après la réunion, devra être enlevée et récoltée de la même façon que les ruches communes.

Il est important de choisir une belle journée pour les opérations dont nous parlons. Les abeilles, quand elles travaillent, sont plus conciliantes, mieux disposées à fraterniser. Celles qui reviennent de la campagne et qui ne retrouvent plus leur ruche, finissent, après quelque moment d'hésitation, par entrer en suppliantes chez leurs voisines, où elles ne sont pas trop mal accueillies. Il y a peu de victimes.

On ne peut, sans inconvénient, devancer le terme de vingt-deux jours que nous avons assigné pour la récolte du miel, parce que le couvain ne serait pas éclos : mais on est libre de reculer ce terme selon ses convenances, par exemple, pour attendre une température chaude, afin d'avoir un produit plus maniable et plus beau.

87. — *Du pillage.*

La guerre entre les abeilles peut survenir après la récolte et ce n'est ordinairement qu'à cette époque de l'année qu'elle a lieu. C'est donc le cas d'en parler ici. Nous pouvons la voir à son début, la suivre dans ses progrès et constater la victoire.

Il y a certitude d'hostilité et tentative de pillage, lorsque des abeilles étrangères essaient de s'introduire furtivement dans une ruche. Ces pillardes appartiennent souvent au rucher dont la ruche attaquée fait partie. On les voit voltiger, tournoyer avec précipitation d'une ruche à l'autre, cherchant à surprendre les sentinelles. Elles font surtout irruption chez les orphelines, c'est-à-dire, dans les ruches sans reine, où elles ne trouvent que la faible défense d'une garnison sans chef. Ailleurs, elles rencontrent aux portes des gardes vigilantes, et, si elles veulent entrer, elles sont saisies par les pattes et obligées de prendre la fuite. Jusqu'ici rien n'est à craindre. Mais, si la troupe assaillante grossit à vue d'œil, si la porte est trop large pour être bien gardée ; si l'ennemi réussit à entrer dans la place, alors il y a grand combat dans l'intérieur, et la présence des morts et des mourants va bientôt vous donner la preuve de la fureur de l'attaque et de l'héroïsme de la défense ; lorsque les choses en sont là, le péril devient imminent. Enfin, quand à la suite de ces luttes acharnées, on voit des masses d'abeilles entrer, sortir rapidement et sans obstacle, c'est que la citadelle est prise et que le pillage a commencé ; si une puissance supérieure n'intervient à propos, quelques heures suffiront pour enlever tout le butin et faire de la ruche un désert.

88. — *Secourir une ruche au pillage.*

N'attendez pas pour venir au secours des tribus menacées, qu'elles soient réduites à une situation alarmante. Accourez au contraire au premier signal de l'invasion ; rétrécissez les portes, cependant laissez-y assez d'espace pour qu'il puisse y passer au moins deux abeilles de front, les ruches fortes en exigent même davantage, sans quoi il y aurait défaut d'air, ce qui est très-dangereux.

Lorsque la troupe ennemie est nombreuse, animée au combat, et qu'il y a déjà des morts et des mourants, alors hâtez-vous de rendre encore l'entrée plus difficile, plus étroite ; calfeutrez le tour des ruches assaillies, pour empêcher les émanations du miel ; aspergez abondamment avec de l'eau fraîche le plateau et le devant des ruches, sans craindre de mouiller les abeilles ; continuez de jeter ainsi de l'eau de temps en temps, jusqu'à ce que le calme commence à se rétablir. Souvent ce calme ne devient complet qu'à la nuit. Alors pour prévenir l'asphyxie, vous donnerez de l'air en élargissant les ouvertures. Le lendemain matin vous rétrécirez plus ou moins, selon les exigences. Ordinairement la fraîcheur de la nuit refroidit l'ardeur des combattants.

Enfin, s'il arrive que les pillardes triomphent, si elles se pressent d'entrer et de sortir pour emporter plus vite leur proie, il n'y a plus qu'un parti à prendre, c'est d'isoler la ruche et de la transporter à une cinquantaine de mètres plus loin. Le soir, si les abeilles montent la garde, si, à l'entrée de la ruche, quelques-unes sont en état de bruissement, on peut espérer que tout n'est pas perdu, que la reine n'a pas succombé, et qu'en rétrécissant beaucoup le passage, on mettra la ruche en état de résister à de nouveaux efforts. On la reportera alors à sa place ordinaire.

Voici un autre moyen plus sûr. Dès que le combat cesse et que le pillage commence, on enlève la ruche et on l'enveloppe avec un tablier de cuisine. Les abeilles restent prisonnières pendant vingt-quatre heures, et ce n'est que le lendemain, à la tombée du jour, qu'on leur rend la liberté.

Au lieu de vouloir conserver les ruches qui ont souffert un peu du pillage, on ferait peut-être mieux, pour en sauver les provisions, de les réunir à d'autres, ou d'en retirer tout bonnement le miel qui y reste.

89. — *Causes du pillage.*

Le pillage vient toujours d'une faute. Ainsi si l'on néglige au printemps de porter à la maison, de demi-heure en demi-heure, les gâteaux qu'on retire des ruches (2) ; si, lorsqu'on nourrit les abeilles, on oublie les précautions que nous avons recommandées (15), il y aura tentative de pillage plus ou moins sérieuse. Le danger est bien plus grand, quand la récolte du miel se fait à une époque où la campagne ne fournit plus rien ; il faut alors des soins minutieux, sans quoi les irruptions seront audacieuses et souvent couronnées de succès. Il faut travailler dans une chambre, reporter chaque ruche, la calfeutrer, en rétrécir la porte, avant de passer à une autre ; ou bien il faut faire le tout en plein air, mais à une heure avancée du jour, afin qu'au besoin, la nuit vienne en aide.

Il y a des gens qui, pour ne rien perdre, exposent devant leur rucher des terrines, des ruches, des gâteaux où il reste encore quelques gouttes de miel : c'est une grande imprudence. Les abeilles, après avoir léché ruches et terrines, voudront continuer à se régaler aux dépens d'autrui :

elles iront porter l'inquétude et le trouble dans les autres ruches.

90. — *Les orphelines, leur malheur irréparable.*

Les orphelines, comme nous l'avons déjà dit, sont des ruches privées de reine. On en rencontre au printemps et en juillet. Nous avons parlé des premières (20), nous allons nous occuper des autres. Les orphelines de juillet présentent des caractères extérieurs qui les font reconnaître avec assez de facilité, sans qu'on ait besoin de les visiter intérieurement. Jetez un coup d'œil sur le rucher entre midi et trois heures, au moment où les bourdons vont prendre l'air sous un ciel serein. Voyez comme ces malheureux sont chassés partout, excepté de quelques ruches où ils jouissent d'une liberté complète pour aller et venir. Ces ruches ont très-peu d'activité et une faible population, les ouvrières qui reviennent chargées de pollen y sont rares, le bruissement y est nul ou presque nul le matin et le soir : tous ces caractères réunis vous donnent la certitude que la reine manque. Pour peu que vous en doutiez, visitez l'intérieur : il y a beaucoup de bourdons, mais aucune trace de couvain d'ouvrières, quelquefois du couvain de bourdons de tout âge, une quantité étonnante de cellules remplies de pollen. Quand ces signes intérieurs viennent confirmer les caractères extérieurs, le doute n'est plus possible.

Les ruches les plus exposées à devenir orphelines sont celles qui donnent un essaim secondaire, surtout lorsque cet essaim, retardé par le mauvais temps, ne sort que de douze à quinze jours après le primaire (53). On trouve même des orphelines, quoique bien rarement, dans un panier d'essaim. Cela vient d'une réunion de deux essaims sans réussite : les deux reines ont péri (37).

Nous verrons (114) qu'une ruche récemment privée de reine, peut s'en faire une avec des vers d'ouvrières âgés de trois jours au plus; mais le malheur des orphelines devient irréparable, quand il dure depuis cinq ou six semaines. Qu'on leur donne alors du couvain de tout âge; les œufs écloront, les larves seront nourries, les nymphes sortiront de leur cellule; mais les choses en resteront là, les abeilles ne songeront point à se donner une mère. Allons plus loin. Qu'on leur donne une reine féconde; vous pensez qu'elles vont la recevoir avec joie; non, elles ne la maltraiteront pas trop d'abord, mais elles ne lui laisseront pas la liberté de ses mouvements et finiront par s'en débarrasser. Des expériences souvent répétées ne me laissent aucun doute à cet égard (116).

91. — *Que faire des orphelines?*

Une famille d'orphelines est exposée à des dangers de toute sorte. Au jour du pillage, c'est elle qui succombe la première; si elle échappe à ce fléau, la fausse-teigne vient l'attaquer et en dévorer la cire en peu de temps. Ce n'est pas tout. Les bourdons mangent une bonne part de ses provisions; et si par hasard la population peut gagner l'hiver, réduite à un petit nombre de membres, elle périt de froid entre ses gâteaux remplis de pollen. Voilà la destinée d'une ruche orpheline, quand elle est abandonnée à elle-même.

Un propriétaire soigneux saura distinguer, au plus tard dans le mois d'août, chaque ruche en deuil de sa reine; il ne manquera pas de les supprimer le plus tôt possible, ou de les réunir à d'autres ruches qui n'auront pas leurs provisions d'hiver. Ces réunions se font avec succès. Un essaim médiocre auquel on réunit une orpheline qui a du miel, devient une très-bonne ruche au printemps.

Le miel qu'on retire des orphelines est de mauvaise qualité, il est trop mélangé de pollen : aussi j'aime beaucoup mieux les réunir à d'autres ruches que de récolter leur miel.

92. — *Des réunions de fin d'année.*

Réunir deux ruches, c'est de deux populations distinctes n'en faire qu'une sous les lois d'un chef unique. Une seule reine suffit pour gouverner. Non seulement elle suffit, mais il y a incompatibilité absolue entre deux reines : l'une devra succomber sous les coups de sa rivale. Aussi, quelques jours après la réunion, on trouve toujours une reine étendue sans vie, sous la ruche ou en avant.

Les réunions de fin d'année sont d'une grande importance pour la prospérité d'un rucher. Quand la campagne a été mauvaise, que faire de tant d'essaims et de ruches-mères qui n'ont pas suffisamment recueilli de butin pour l'avenir? Les supprimer en masse, ce serait quelquefois perdre la moitié d'un rucher. Tuer les uns pour nourrir les autres, ce serait encore un mauvais calcul ; puisqu'il est bien constaté, d'une part, qu'une ruche bien peuplée ne mange guère plus en hiver qu'une autre beaucoup moins peuplée, et que, d'autre part, la supériorité de travail d'une ruche forte sur une faible est étonnante. Il ne faut donc jamais détruire les familles, mais les réunir, les agglomérer. Par cette réunion, il y aura d'abord économie de miel et ensuite augmentation de produit : les deux peuples fondus en un seul ne consommeront pas autant, et développeront bien plus leur industrie que s'ils étaient restés séparés.

Il n'y a pas d'époque déterminée pour opérer les réunions de fin d'année. On peut le faire dans les premiers jours d'août, après la récolte du miel, ou bien attendre plus tard, jusqu'au mois d'octobre. Quelquefois les deux reines succombent dans la lutte, mais cet accident est rare et on ne doit pas en tenir compte. Du reste, on a toujours la ressource de faire au printemps une autre fusion.

93. — *Ruches devant être réunies.*

Quand on connaît les difficultés de nourrir les mouches en hiver; quand on sait que les secours journellement prodigués aux ruches indigentes n'aboutissent ordinairement qu'à prolonger leur misère; quand on est surtout convaincu de la supériorité du nombre dans l'association, sur les petits groupes dans l'isolement, on n'hésite jamais en automne à ne faire qu'un panier de deux paniers dont les propres ressources sont insuffisantes pour atteindre au 10 avril suivant. Ainsi donc, si la réunion a lieu en août, elle se fera pour les ruches qui n'auront pas 6 kilogrammes de miel; et si elle est retardée jusqu'en octobre, elle ne comprendra plus que les paniers qui n'en auront pas 5 kilogrammes. Les essaims qui n'auraient pas tout-à-fait l'un ou l'autre poids peuvent à la rigueur rester seuls. Il faut que les deux ruches à réduire en une seule, possèdent ensemble 8 kilogrammes de miel en août et 7 en octobre. Les plus légères seront ajoutées aux plus lourdes. Quant à celles qui n'ont qu'une population minime avec 10 ou 15 hectogrammes de miel, elles ne valent pas la peine qu'on s'en occupe beaucoup. J'aimerais mieux en secouer les abeilles et en démolir les gâteaux, comme je l'ai dit au sujet des réunions du printemps (21). On associe de préférence deux ruches voisines, quand même il leur manquerait quelque peu du poids exigé. Rien alors n'est dérangé dans les habitudes des abeilles, qui retrouvent leur place sans aucune difficulté.

Pour estimer la quantité de miel d'une ruche, voir l'article 79.

Toute ruche à trois hausses devra être réduite à deux avant de subir la réunion.

94. — *Manière de réunir les ruches à hausses.*

Le premier panier qui se présente, est un essaim ; le second, une mère : associons-les, et, quoique l'essaim soit le plus léger, plaçons-le par-dessus l'autre de la manière suivante.

Nous commençons par mettre l'essaim en état de bruissement ; nous passons ensuite à la mère, nous débouchons le trou de son couvercle, et l'enfumons par cette ouverture jusqu'à ce que les abeilles s'enfuient par la porte, nous faisons passer un fil de fer entre la hausse supérieure et le couvercle, que nous enlevons ; puis nous allons chercher l'essaim pour le placer par-dessus les gâteaux mis à jour ; nous calfeutrons soigneusement les deux ruches en laissant néanmoins entr'elles une petite porte pour trois ou quatre abeilles de front. La porte de la ruche inférieure reste ouverte telle qu'elle était auparavant. Ainsi, la ruche doublée a deux entrées, celle du bas et celle du haut. Elle reste en cet état jusqu'au printemps. A cette époque nous supprimons la ruche inférieure dans laquelle il n'y a plus ni miel ni couvain. En effet, la porte du haut donnant de l'air aux abeilles, celles-ci se sont tenues dans l'étage supérieur, elles ont mangé d'abord le miel d'en bas ; ce n'est que par les grands froids qu'elles ont entamé le miel d'en haut.

Une recommandation bien importante, c'est de ne pas laisser de vide entre les gâteaux des deux ruches : il faut de toute nécessité que les abeilles puissent communiquer facilement de l'une à l'autre. Nous plaçons donc, si le cas l'exige, d'autres gâteaux entre les deux paniers; ils servent comme d'échelle pour monter ou descendre à volonté.

Il suffit que l'essaim ait environ 3 kilogrammes de miel pour avoir la place d'en haut. S'il n'en avait que 2, par exemple, il faudrait le réduire à sa hausse supérieure et le mettre tout simplement par-dessus le couvercle de la mère, en ne laissant d'autre porte que celle d'en bas.

Les deux ruches qui viennent ensuite sont deux mères : nous élevons la plus pesante sur l'autre, en suivant exactement les mêmes prescriptions.

Les réunions ne doivent se faire que deux ou trois heures avant la nuit, afin de prévenir le danger du pillage.

Quelquefois, au lieu d'enlever le couvercle de la ruche inférieure, je me contente de le déboucher et de placer l'autre ruche par-dessus, en laissant une petite ouverture au bas de cette dernière. Les abeilles se décident presque toujours à abandonner le bas pour se concentrer dans le haut. Cette seconde manière n'est pas aussi sûre que l'autre et ne doit être pratiquée qu'autant que la ruche supérieure peut, avec ses propres ressources, traverser les froids de l'hiver.

Il faut toujours enfumer convenablement les mouches et rendre en même temps leurs communications faciles. Par ce moyen les deux colonies s'abordent et se mêlent sans combat.

95. — *Réunion des ruches communes.*

La réunion des ruches communes est tout aussi facile. Voici comme on l'opère. Après avoir excité le bruissement dans les deux paniers qu'on veut associer, on renverse l'un à ciel ouvert et on place l'autre par-dessus ; on calfeutre le tout avec soin, en laissant une seule porte entre les deux ruches et on termine par quelques bouffées de fumée. Les abeilles logées dans la ruche supérieure mangeront le miel du bas avant celui du haut, et au printemps on supprimera la ruche vide. On voit que l'opération est bien simple, seulement, elle exige une distribution convenable du rucher dont chaque étage doit être assez haut pour permettre la superposition des ruches. C'est une disposition qu'il est aussi facile que peu coûteux de donner aux ruchers auxquels elle manque.

Quelquefois la reine et le gros de la troupe se tiennent dans le bas ; vous le constatez, au printemps, par la présence du couvain. Il faut alors supprimer la ruche du haut. Enfin, il y aura peut-être beaucoup de monde dans les deux paniers. Ne vous en inquiétez pas, et supprimez celui des deux qui n'a pas de couvain ; les abeilles ne tarderont pas à l'abandonner pour se réunir à leur reine. Si elles y mettaient quelque lenteur, secouez-les, démolissez les gâteaux et enlevez le miel qui peut s'y trouver.

Ayez bien soin de ne pas laisser de vide entre les deux ruches. Rien que deux centimètres d'intervalle entre les gâteaux pourrait empêcher la réunion des deux familles. Chacune se tiendrait chez elle et la première qui manquerait de vivres, périrait sans que vous pussiez vous en douter.

Puisque c'est la ruche du haut que l'on doit conserver au printemps, il faut, autant que possible, placer la moins âgée au-dessus de l'autre.

96. — *Les trois secrets de l'apiculture.*

Beaucoup de miel produit une grande population et une

grande population produit beaucoup de miel : le miel et la population réagissent donc l'un sur l'autre et deviennent tour-à-tour cause et effet. Les conséquences de ces deux principes nous conduiront aux trois secrets de l'apiculture.

D'abord, beaucoup de miel produit une grande population. Cette proposition est appuyée sur des faits incontestables.

Premier fait. Voici deux essaims : l'un est précoce et amasse dix kilogrammes de miel dans sa campagne; il sera au printemps, sans aucun doute, un des meilleurs paniers du rucher; l'autre, en sortant de la ruche-mère, est aussi peuplé que le premier, mais il est tardif et n'amasse que six kilogrammes de miel. Pensez-vous qu'au printemps il sera encore aussi peuplé que l'autre? Non, il le sera beaucoup moins.

Second fait. Vous avez deux ruches très-fortes, très-lourdes en juillet; vous ne laissez à la première que bien juste ses provisions d'hiver; vous ne touchez pas à la seconde. Croyez-vous encore qu'au printemps la première aura autant d'habitants que la seconde? Détrompez-vous; la différence sera grande. C'est évidemment le miel qui a conservé la population de cette ruche, aussi bien que celle de l'essaim. Il faut donc en juillet laisser aux abeilles au-delà de leur nécessaire, si on veut les retrouver non décimées au printemps. C'est le premier secret.

Une grande population produit beaucoup de miel. Le prouver, ce serait vouloir discourir bien au long, pour apprendre que c'est le soleil qui répand la lumière et la chaleur sur la terre. Une nombreuse cité d'ouvrières produit énormément, tandis qu'un chétif atelier ne produit rien. Il faut donc agglomérer les petites communautés pour en faire de grandes, il faut donc à l'arrière-saison réunir deux, à-deux les ruches médiocres. C'est le deuxième secret.

Nous avons dit ailleurs (56) et nous répétons ici qu'un essaim fort amassera non pas deux fois, mais de trois à quatre fois autant qu'un autre essaim du même jour qui serait faible de moitié. Il faut donc encore doubler tous les essaims faibles ou tardifs. C'est le troisième secret.

Oui, les trois secrets de la véritable et bonne apiculture sont, premièrement, de laisser toujours aux ruches un superflu de 2 à 3 kilogrammes de miel ; secondement, de réunir deux-à-deux en automne, dans les mauvaises années, toutes les ruches faibles ou légères ; troisièmement, de doubler au moment de l'essaimage tous les essaims faibles ou tardifs.

Pour être mis en pratique, ces trois secrets n'exigent ni science ni étude. Le bon sens et l'assiduité en tireront plus de profit que des plus gros livres.

97. — *Soins à donner aux ruches avant l'hiver.*

Pour les ruches l'hiver commence en octobre. C'est le moment de les préparer à traverser la mauvaise saison. On aura soin de les calfeutrer exactement, de veiller surtout à ce que le couvercle des ruches à hausses soit hermétiquement fermé. La moindre ouverture y établirait de bas en haut un courant d'air meurtrier aux abeilles. Il faut de l'air en hiver comme en été; il faut que les mouches aient toute liberté de sortir et de rentrer ; on ne fermera donc pas la porte, mais j'aimerais qu'on la disposât de telle façon que les souris ne pussent point y passer, et que cependant les abeilles pussent facilement entraîner leurs morts au-dehors. Ainsi, une porte large de 4 à 5 centimètres et haute de 9 millimètres me paraît très-convenable. Elle serait peut-être encore plus commode si elle avait de 2 à 3 centimètres de largeur sur

16 millimètres de hauteur, mais alors une pointe en fer couperait la hauteur en deux parties égales qui n'auraient plus chacune que 8 millimètres. Avec cette disposition les mouches mortes n'obstrueraient jamais le passage.

98. — *Les ruches doivent passer l'hiver sur le rucher.*

Il est généralement reconnu que les ruches qui passent la mauvaise saison en plein air souffrent moins que celles qui la passent dans une chambre obscure et isolée. Dans les dernières, chose étonnante, l'humidité et la mortalité sont plus grandes que dans les autres. On laissera donc les ruches en plein air; on se contentera de les garantir de la pluie. Quelques personnes les enveloppent soigneusement pour l'hiver. C'est un manteau qu'elles leur donnent contre le froid. Je n'ai jamais eu cette attention; cependant loin de la blâmer, je la crois bonne surtout pour les ruches à faible population. Il est à craindre seulement que le manteau ne serve de retraite aux mulots (102).

Pendant l'hiver les ruches ne demandent que la tranquillité et le repos. Ne les inquiétez pas par des visites importunes, contentez-vous de voir de temps en temps si les portes ne sont pas obstruées. Surtout pas de mouvements brusques; les abeilles, qui sont sensibles aux secousses les plus légères, s'agiteraient; quelques-unes se détacheraient en éclaireurs, et surprises par le froid, elles ne pourraient plus rejoindre le gros de la famille.

Observation. Les abeilles, qui ont au-dessus de leurs têtes une bonne provision de miel, et qui, au-dessous, se trouvent à la proximité de l'air extérieur, ces abeilles sont dans les meilleures conditions pour passer l'hiver, elles peuvent supporter les froids les plus longs et les plus rigoureux sans en souffrir. Les mouches, pendant l'hiver, ne se tiennent pas entre les rayons pleins de miel, elles y périraient de froid,; elles se groupent, au contraire, entre les gâteaux vides ou à demi-remplis du centre de la ruche.

99. — *Soins à donner aux ruches pendant les neiges.*

Quelquefois dans nos contrées, les ruches se trouvent couvertes d'une couche de neige plus ou moins épaisse. On doit la balayer légèrement avec une brosse à long poil, sans oublier d'en débarrasser la porte. Mais lorsque la neige recouvre la terre et qu'il fait un beau soleil de février, on peut s'attendre à bien des soucis. Si on ferme les portes, les mouches feront des efforts inouïs pour sortir de leur prison, il en périra beaucoup ; si au contraire, elles ont toute liberté, elles s'échapperont avec joie ; mais après une course de quelques minutes, bon nombre d'entr'elles, fatiguées, refroidies, reviendront tomber sur la neige en avant du rucher, et une fois tombées ne se relèveront plus. Malgré les inconvénients de cette liberté, j'aime encore mieux la donner, mais alors, je répands sur une étendue de 4 à 5 mètres en avant du rucher, une demi-botte de paille clair-semée. Les abeilles s'y reposent et bientôt réchauffées par le soleil, elles reprennent leur vol pour rentrer dans la ruche. Le mieux serait peut-être de fermer les ruches momentanément et d'empêcher l'action du soleil en plaçant des planches ou des paillassons en avant.

100. — *Ennemis des abeilles pendant l'été.*

Moineau et Pinson. Ces deux oiseaux sont accusés bien injustement d'en vouloir aux abeilles. Ils sont à la vérité très-friands des larves et des nymphes que les mouches rejettent de leur ruche, mais voilà tout leur crime.

Hirondelle. Il est possible que l'hirondelle donne quelquefois la chasse aux mouches à miel et en nourrisse ses petits. Si le fait est vrai, je crois qu'il est rare et qu'on ne doit pas s'en préoccuper.

Grenouille et Crapaud. Ces deux batraciens gobent, dit-on, toutes les abeilles qui passent à leur portée. Je le crois volontiers, mais malheureusement on n'y peut rien, si ce n'est de détruire avec soin les quelques crapauds qui auraient établi leur domicile près d'un rucher.

Les grosses araignées. Il faut les détruire ainsi que leurs toiles ou filets.

Guêpes et frelons. Les guêpes inquiètent plutôt les abeilles qu'elles ne leur nuisent. Les frelons sont plus dangereux, ils saisissent les abeilles et les dévorent dans un instant; heureusement qu'ils sont peu communs dans nos contrées.

La fourmi n'attaque que les ruches mal gardées, et dans un état complet de délabrement; c'est donc un avertissement qu'elle nous donne de démolir ces ruches.

Le sphinx à tête de mort. C'est un grand papillon phalène, dont la chenille se nourrit de la feuille des pommes de terre; il paraît au mois de septembre, il est si gros et si grand que dans l'obscurité on le confond avec la chauve-souris. Ce papillon fait entendre un son aigu et plaintif; il tire son nom de la tache qu'il a sur son corselet, et qui représente grossièrement une tête de mort; d'après le témoignage de Huber, beaucoup de ruches de son canton ont été complètement dévalisées et en peu de temps par ce papillon. C'était en 1804. Aussitôt que les abeilles s'aperçoivent de son approche, si elles en ont le temps, elles se retranchent dans l'intérieur de leur ruche, en en rétrécissant l'entrée avec un mélange de cire et de propolis, elles font quelquefois une double muraille, des créneaux qui ne laissent le passage qu'à une seule abeille. Lombard a vu, en 1802, ces

6

espèces de barricades à toutes ses ruches. Moi-même j'ai eu occasion d'observer ce fait remarquable. C'était de 1813 à 1816, je ne puis préciser l'année. Quoique fort jeune, je m'occupais déjà des abeilles. Ces constructions étranges m'ont frappé, mais je n'en soupçonnais pas le motif.

Je n'ai jamais vu ce papillon, du reste, il ne pourrait pas pénétrer dans mes ruches, car j'ai l'habitude d'en rétrécir les portes dans la seconde quinzaine d'août. Les propriétaires qui prendront les mêmes précautions n'ont donc pas à s'inquiéter de ce nouvel ennemi.

Le pou des abeilles. Ce petit insecte est gros comme la tête d'une petite épingle. Il se tient sur le corselet ou entre le corselet et l'abdomen de l'abeille. C'est son parasite ; il vit aux dépens de sa propre substance. Il va, il vient d'une mouche à une autre avec une étonnante facilité, il a une préférence marquée pour la reine. Celle-ci en porte quelquefois plusieurs, j'ai pu en saisir jusque quinze sur une seule reine. Les ouvrières n'en portent qu'un ou deux au plus. Il est difficile de les saisir avec les doigts, il faut de toutes petites pincettes.

Je ne sais pas s'ils nuisent beaucoup aux abeilles, j'ignore également le moyen de les en garantir ; du reste, il n'y a jamais qu'un très-petit nombre d'ouvrières qui soient atteintes de cette vermine.

101. — *De la fausse-teigne.*

Le plus implacable ennemi des abeilles, la *fausse-teigne*, est une chenille d'un blanc sale, ayant la tête brune et écailleuse. Elle paraît au mois de mars. Déjà à cette époque, on voit, de grand matin, à l'entrée des ruches, des chenilles de teignes que les abeilles ont retirées pendant la nuit,

Elles proviennent d'œufs qui ont été pondus avant l'hiver ; car le papillon ne commence ordinairement sa ponte que sur la fin d'avril, et on continue de le voir jusqu'au mois d'octobre.

La fausse-teigne aurait bientôt dévoré les édifices de nos ruches, si les mouches ne s'opposaient à ses ravages ; et elle ne parvient à dominer que dans les ruches faibles ou sans reine. C'est surtout en septembre qu'on peut se faire une idée de ses dégâts. Après avoir mangé les gâteaux vides, elle s'attaque aux cellules pleines de miel ; et comme elle n'en veut qu'à la cire, les cellules étant ouvertes et détruites, le miel coule, tombe sur le plateau, et mélangé avec les excréments de cette vermine, il forme une pâte sale et dégoûtante. J'ai vu des ruches où il ne restait pas un atome de cire ; tout avait été dévoré dans le court espace de trois à quatre semaines.

Je suis d'avis que cette chenille a sa bonne part dans l'avortement de tant de larves et de nymphes que les abeilles rejettent de leur ruche dans le courant de l'été. La fausse-teigne se glisse et se faufile transversalement dans les cellules, et tout le couvain qui s'y trouve périt inévitablement. Elle est protégée dans sa course malfaisante par un tuyau de soie blanche dont elle s'enveloppe et qui forme sa galerie.

On remarque souvent à l'automne et au printemps des vides de 4 à 5 centimètres dans les gâteaux du bas des ruches ; c'est encore à l'invasion de la fausse-teigne qu'il faut les attribuer.

Tout le monde connaît le papillon de cette chenille. Il est du genre des phalènes qui ne volent qu'à la lueur du crépuscule et du clair de la lune. Il porte des ailes couchées, d'un gris obscur, avec de petites taches noirâtres. Il reste immobile dans le lieu où le jour l'a surpris. On le voit souvent derrière et contre le corps des ruches.

C'est curieux de voir les précautions que prend la femelle de la fausse-teigne pour s'introduire dans les ruches et y déposer ses œufs. Quand elle ne peut surprendre la vigilance des gardes, elle cherche de petits trous qui communiquent avec l'intérieur de l'habitation ; elle allonge et amincit tellement sa partie postérieure qu'elle peut porter ses œufs assez loin par ces ouvertures. Les jeunes vers qui en éclosent se nourrissent d'abord des parcelles de cire qui sont à leur portée, puis ils s'étendent dans les gâteaux voisins.

Je crois qu'en calfeutrant les ruches avec soin, on réussira, non pas à les préserver tout-à-fait de ces dangereux parasites, mais à en diminuer considérablement le nombre.

La cire en gâteaux récoltée au printemps, mais qu'on ne voudra façonner qu'en automne, devra être mise en sac et conservée à la cave, sans quoi elle deviendrait infailliblement la pâture de la fausse-teigne.

102. — *Ennemis des abeilles pendant l'hiver.*

La mésange et le pivert se nourrissent d'abeilles quand ils n'ont rien de mieux. La mésange vient rôder autour des ruchers en octobre et en novembre, et mange le corselet des mouches mortes sur le plateau. Quand l'entrée des ruches est rétrécie comme elle doit l'être d'après ce que nous avons dit à l'article 97, je doute que, comme on l'a prétendu, la mésange puisse attirer au dehors les mouches du dedans. Cet oiseau me paraît donc peu dangereux. Mais le pivert est redoutable pour certains ruchers à proximité des forêts : il perce les paniers en paille et dévore toutes les abeilles qu'il peut atteindre. Heureusement qu'il n'attaque les ruches que lorsque la terre est couverte de neige.

La souris, le mulot, le campagnol et la musaraigne sont généralement regardés comme ennemis des abeilles en hiver. Voici notre avis à cet égard. Je n'ai jamais vu de souris dans un rucher ; elles habitent les maisons, elles n'en sortent pas. Pour le mulot, c'est autre chose, il s'introduit dans les ruches ; il y fait un nid de feuilles sèches, et là il trouve le vivre et le couvert ; car il mange le miel et le corselet des abeilles. Le mulot est très-facile à reconnaître : il a la queue aussi longue que la souris, mais il est plus gros, son poil est d'un beau blanc sous le ventre, et d'un roux brun sur le dos ; il est encore remarquable par ses yeux qu'il a gros et proéminents. Il se trouve dans les champs en été ; en hiver, il vient manger dans les caves la salade, les carottes, les pommes de terre ; tout lui convient. Le campagnol habite les champs, mais aussi les prés. On en trouve quelquefois dans les caves en hiver ; on le distingue du mulot par la grosseur de sa tête et aussi par sa queue courte et tronquée qui n'a que 5 centimètres environ de longueur. Enfin, tout le monde reconnaît la musaraigne à sa petite taille, à sa queue courte et à son museau de taupe. Ces deux derniers ne me paraissent guère plus dangereux que la souris.

On attire et on leurre aisément par des appâts ces quatre espèces de rongeurs. La farine et le maïs sont les plus communs et les plus attrayants que je connaisse. On croit généralement qu'ils sont friands de lard. Eh bien ! j'ai vu cent fois, la souris, le campagnol et la musaraigne ne toucher que médiocrement au lard séché à la cheminée, et périr de faim à côté de cet aliment. Le mulot est moins difficile, il ne laisse rien. Cependant le lard me sert d'appât ; mais, auparavant, je le plonge dans la farine pour l'en couvrir entièrement et tromper ainsi la gent malfaisante.

La fouine et le putois attaquent aussi les ruches; mais c'est très-rare. La présence d'un chien près du rucher les éloigne infailliblement.

DEUXIÈME PARTIE.

—

Mœurs des Abeilles.

—◆—

103. — *Une ruche renferme trois sortes d'abeilles.*

Il y a trois sortes d'abeilles dans une ruche : La reine qui est unique, excepté au temps des essaims ; les faux-bourdons ou mâles et les abeilles ouvrières qui constituent la population.

L'abeille ouvrière est de couleur brune et revêtue, sur presque toutes les parties, d'une sorte de duvet de poils très-fins. Des dents, une trompe et six pattes disposées par paires, sont les principaux instruments qui ont été accordés aux ouvrières pour exécuter leurs différents travaux. Les dents sont deux petites écailles tranchantes qui jouent horizontalement, non verticalement comme celles de l'homme ; la trompe, sorte de langue très-longue et garnie de poils comme le reste du corps, n'agit pas comme une pompe ; l'abeille, il est vrai, la déploie et l'allonge à son gré, mais c'est en léchant, non en aspirant, qu'elle la charge d'une liqueur qu'elle fait passer dans la bouche, pour ensuite la faire descendre, par l'œsophage, dans l'estomac qui en est le réservoir. Cette liqueur est le miel.

C'est avec ses dents et ses pattes que l'abeille ramasse le pollen des fleurs ; elle en saisit avec ses dents les granules que les pattes de la première paire, faisant l'office de mains, transmettent à celles de la deuxième ; enfin, celles-ci les déposent dans des poches dont la nature a muni à cet effet les pattes de la troisième paire. Ce dépôt est fixé à sa place, par des coups répétés. Toute l'opération se fait avec autant de célérité que d'adresse.

La reine est un peu plus grosse et beaucoup plus grande que l'abeille ouvrière, plus rousse en dessus et un peu jaunâtre en dessous. Ses dents ou mâchoires sont plus courtes et sa trompe plus déliée ; mais ses pattes plus longues n'ont ni brosses ni poches ; son ventre est plus allongé et plus pointu ; ses ailes paraissent très-petites et finissent au quatrième anneau de son corps. Son allongement ainsi que ses autres proportions ne permettent pas de la confondre avec l'abeille ouvrière. L'aiguillon de la reine est plus fort et plus recourbé que celui des ouvrières ; elle ne s'en sert jamais que pour tuer les reines, ses rivales.

Le mâle ou faux-bourdon est beaucoup plus gros que l'abeille ouvrière, et moins long que la reine. Sa tête est ronde ; son corps est aplati et noirâtre ; ses mâchoires et sa trompe sont plus petites ; ses pattes sont dépourvues de poches, et il n'est point armé d'aiguillon. Le bruit qu'il fait en volant l'a fait nommer faux-bourdon et le distingue des ouvrières.

L'épaisseur du corselet d'un bourdon de taille ordinaire est d'environ cinq millimètres six dixièmes ; le corselet de la reine a une épaisseur de cinq millimètres ; enfin, la grosseur de l'abeille ouvrière dans cette même partie du corps est d'environ quatre millimètres quatre dixièmes.

104. — Des sens des abeilles.

Pendant la nuit, les abeilles volent au hasard, ce qui paraît indiquer qu'elles ne voient point dans l'obscurité. Il est présumable que dans l'intérieur de la ruche, où le travail se continue de nuit comme de jour, le sens du toucher et de l'odorat suppléent à la vue. Le sens du toucher paraît principalement placé dans les antennes. Dès que deux abeilles se rencontrent, on les voit se toucher avec ces espèces de cornes qui semblent très-sensibles. L'amputation d'une seule antenne ne paraît pas affecter leur instinct, mais quand on les prive de toutes les deux, elles sont incapables de continuer leurs travaux, alors elles sortent de la ruche pour n'y plus rentrer.

Quant à l'ouïe, on sait que le son qu'elles produisent avec leurs ailes est fréquemment un signe de rappel. Le chant ou le cri de la reine réduit les ouvrières à un état d'immobilité. Qu'on place une ruche dans une chambre très-obscure; le bourdonnement attirera les abeilles égarées et répandues dans les différentes parties de la chambre; on a beau couvrir la ruche, la déplacer, toujours elles se dirigent vers le point d'où vient le bruit.

Leur odorat est très-délicat, puisque, au sortir de la ruche, on les voit, attirées par les émanations des fleurs, voler en ligne droite à la distance de 2 à 5 kilomètres, pour y chercher les plantes qui leur promettent une abondante récolte.

105. — Fonctions des abeilles ouvrières.

Le premier soin des ouvrières, aussitôt qu'elles sont éta-

6*

blies dans une ruche, c'est de la nettoyer. Pendant qu'une partie s'occupe de ce travail, l'autre se répand dans la campagne pour se procurer la matière propre à enduire les endroits de la ruche où les rayons seront attachés (1).

Ces dispositions faites, les ouvrières commencent la construction des gâteaux qui se composent d'un grand nombre d'alvéoles ou cellules. Il y a des cellules de deux grandeurs ; les plus étroites servent de berceau aux ouvrières ; les plus grandes aux faux-bourdons, et toutes peuvent être employées à emmagasiner les provisions. Les petites occupent presque exclusivement le centre de la ruche, et sont beaucoup plus nombreuses que les grandes. Indépendamment de ces deux espèces d'alvéoles, on en trouve encore d'autres dans lesquels les abeilles doivent élever des reines. Ces alvéoles sont ordinairement placés sur le bord des gâteaux, ou dans les passages formés dans ceux-ci. Ils ont d'abord la forme et presque la grandeur du calice d'un gland de chêne ; les ouvrières les allongent à mesure que les vers royaux grossissent. Elles leur donnent une épaisseur considérable ; le dessus présente des enfoncements comme un dé à coudre, ils sont rongés et en partie détruits quelques jours après que les reines en sont sorties.

106. — *Fonctions des faux-bourdons.*

Les faux-bourdons ne travaillent point ; ils ne paraissent chargés que du soin de féconder la reine. Les naturalistes

---

(1) Cette matière que l'on appelle *la propolis* est une substance résineuse, quelquefois jaune, ordinairement brune, très-odorante : elle est d'abord molle, elle prend ensuite de la consistance et devient fort dure. Les abeilles rapportent cette matière comme le pollen, dans la poche des pattes de la troisième paire.

ne leur donnent pas d'autre destination. Mais pourquoi sont-
ils aussi nombreux, puisque, d'après Huber, un seul suffit
pour féconder la reine pendant deux ans au moins ? j'avoue
mon insuffisance pour répondre à cette question. Cependant,
on ne peut admettre qu'ils fassent l'office de couveuses,
ainsi que quelques auteurs l'ont avancé, car les bourdons
ne se tiennent pas sur le couvain ; ils habitent de préférence
les gâteaux latéraux, et ceux du fond où les abeilles emma-
gasinent le miel. Les ruches médiocrement peuplées élèvent
peu de faux-bourdons, souvent même elles les chassent et
les détruisent au fur et à mesure de leur naissance.

107. — *Fonctions de la reine.*

Les fonctions dévolues à la reine sont de multiplier l'espèce et de maintenir l'ordre dans la famille. Cinq jours après
sa sortie du berceau, quand elle n'y a pas été retenue prisonnière, si le temps est beau, elle sort à l'heure où les
bourdons s'ébattent dans les airs. Elle s'arrête un moment sur le plateau, ensuite elle prend son vol ; elle se retourne encore du côté de la ruche comme pour la reconnaître, puis elle trace quelques cercles en l'air et s'élève
enfin à une hauteur qui ne permet plus de suivre ses mouvements. Si elle ne rencontre pas de faux-bourdons, elle
revient à la ruche au bout de quelques minutes, et sort de
nouveau un quart d'heure après ; mais si elle est jointe par
un mâle et fécondée, son absence est d'environ une demi-
heure, et elle rentre dans la ruche avec les signes de la
fécondation , c'est-à-dire avec les parties fécondantes du
mâle. Cette découverte est due à Huber, et d'autres naturalistes l'ont vérifiée par des expériences nombreuses.
Huber assure en outre qu'une seule copulation rend la
reine féconde pour deux ans au moins. Des faits dont j'ai

été témoin tendent aussi à confirmer l'assertion de ce célèbre naturaliste. Ainsi, premièrement, la reine a besoin d'être fécondée pour pondre des œufs; secondement, la fécondation a lieu dans les airs, comme pour la plupart des insectes à quatre ailes nues qu'on a été à même d'observer.

108. — *Ponte de la reine.*

Quarante-six heures après avoir été fécondée, la reine commence sa ponte qu'elle continue presque sans interruption pendant la belle saison, à moins que la sécheresse ou une trop grande humidité ne s'oppose à la formation du miel dans les fleurs. Elle n'attend pas toujours que les alvéoles soient achevés pour y déposer ses œufs. Elle en pond communément deux cents par jour et beaucoup plus quand la température est favorable et que les vivres abondent. Elle interrompt sa ponte au mois d'octobre, quelquefois au mois de septembre, du moins dans notre pays, pour la recommencer sur la fin de décembre ou au commencement de janvier. La ponte en janvier, à la vérité peu considérable, est un fait certain (134). La grande ponte reprend au printemps, au retour des fleurs. A cette époque la reine, après avoir pondu des milliers d'abeilles ouvrières, commence la ponte des œufs de faux-bourdons qui dure ordinairement de vingt à trente jours, mais elle n'interrompt pas celle des œufs d'ouvrières. La ponte des œufs de bourdons est toujours proportionnée à la population des ruches. Elle est faible dans celles qui sont médiocrement peuplées; elle va jusqu'à quinze cents et même deux mille œufs pour les grandes populations. La reine dépose quelquefois des œufs de mâles dans les cellules destinées aux ouvrières; cela n'arrive qu'à défaut d'un nombre suffisant

de grands alvéoles. Les bourdons qui proviennent de ces
œufs sont plus petits que les autres.

C'est pendant la ponte des œufs de bourdons, que les
ouvrières s'occupent de la construction du petit nombre de
cellules destinées à servir de berceau aux abeilles-mères ou
reines. Cette construction n'est pas d'une nécessité absolue.
Si la ruche est faible, ou si la température n'est pas favorable, les ouvrières ne construisent pas de cellules royales,
parce qu'il n'y a pas lieu de fournir une colonie au dehors,
et que, par conséquent, il est inutile d'avoir plusieurs reines.
L'abeille-mère en parcourant les gâteaux pond à peine
chaque jour dans deux cellules royales. Souvent même elle
laisse un intervalle de deux à trois jours sans y pondre.
Les ruches très-peuplées ont quelquefois de dix à quinze
alvéoles royaux renfermant des reines de tout âge, c'est-à-
dire sous la forme d'œufs, de vers, de nymphes. Le
Créateur a voulu qu'il en fût ainsi pour que les naissances
des reines fussent successives et pussent mieux fournir aux
besoins des essaims.

109. — *Du couvain.*

On appelle *couvain* les abeilles considérées sous la forme
d'œufs, de vers, de nymphes. L'œuf est ovale, un peu
courbé, d'un blanc bleuâtre; il est placé au fond de la
cellule et il y est collé par un de ses bouts, au moyen d'une
matière visqueuse dont il est enduit; il est assez semblable
aux œufs que les grosses mouches déposent sur la viande
de boucherie. La chaleur de la ruche fait éclore les œufs
sans que les abeilles aient besoin de les couver. Il sort de
ces œufs un petit ver blanc et sans pieds nommé *larve;* il
se roule sur lui-même au fond de l'alvéole. Les ouvrières
viennent sur-le-champ lui apporter une bouillie blanchâtre

et insipide. Elles la répandent autour de lui et sous lui, il
en est environné, si bien que le mouvement le plus léger
suffit pour lui faire prendre sa pâture, dont les ouvrières
ne le laissent pas manquer. De blanche, d'insipide, qu'elle
était, elle prend un goût mielleux à mesure que le ver s'accroît ; à la fin, cette bouillie devient transparente et sucrée.
Cette nourriture consiste dans un mélange de miel et de
pollen que les abeilles préparent dans leur estomac et qu'elles
modifient suivant l'âge de leurs nourrissons (134). Lorsque
le vermisseau a rempli la capacité de sa cellule et qu'il a acquis tout son développement, les abeilles la ferment avec un
couvercle bombé. Alors le vermisseau file une coque dont il
s'entoure ; quelques jours après, il se débarrasse de sa peau
et se transforme en *nymphe*. On donne ce nom à cet état
de mort apparente auquel les larves sont sujettes avant de
devenir des insectes parfaits. Dans cette dernière métamorphose, toutes les parties de la mouche sont assez distinctes.
La nymphe des abeilles est très-blanche. Elle passe quelques jours sous cette forme, ensuite elle déchire son enveloppe, perce le couvercle de cire et sort de l'alvéole. Sa
couleur est alors d'un gris-clair et ce n'est qu'au bout
de deux jours qu'elle acquiert la force nécessaire pour
voler.

La bouillie donnée aux larves royales est différente de celle
qui est destinée aux bourdons et aux ouvrières ; cette bouillie a un goût moins fade, un peu aigrelet. Elles en ont en telle
quantité, qu'elles ne peuvent jamais la consommer toute.
Il en reste toujours au fond de l'alvéole, tandis que, pour
les larves des bourdons et des ouvrières, la quantité de
vivres est tellement proportionnée aux besoins, qu'il n'en
reste jamais dans l'alvéole quand ces larves se mettent à
filer leur coque.

110. — *Temps que chaque sorte d'abeille met à naître.*

Maintenant que nous connaissons les trois sortes d'alvéoles qui servent de berceau aux trois espèces d'abeilles, et que nous avons suivi l'œuf dans ses transformations en larve et en nymphe, il reste à savoir combien de jours il faut à chacune de nos trois espèces, pour arriver à son complet développement : il en faut seize aux reines, vingt aux abeilles ouvrières, vingt-quatre aux faux-bourdons.

Naissance de la reine. La reine reste sous la forme d'œuf, trois jours et cinq sous celle de ver ou de larve ; après ces huit jours, les abeilles ferment la cellule et la larve commence tout de suite à filer sa coque, opération qui l'occupe un jour ; la coque filée, elle reste dans un repos parfait pendant deux jours seize heures ; à cette époque elle se transforme en nymphe et passe quatre jours huit heures sous cette forme. La reine est donc seize jours pour arriver à l'état complet d'insecte.

Naissance de l'ouvrière. L'abeille ouvrière reste sous la forme d'œuf, trois jours et cinq sous celle de ver ; ensuite les abeilles ferment la cellule ; le ver commence à filer sa coque et emploie à cet ouvrage un jour douze heures ; il reste en repos, trois jours ; après ces trois jours, il se métamorphose en nymphe et passe sous cette forme sept jours douze heures. Il n'arrive donc à son dernier état, celui de mouche, que le vingtième jour, à dater de l'instant où l'œuf dont il sort a été pondu.

Naissance du faux-bourdon. Le faux-bourdon reste dans l'œuf, trois jours ; sous la forme de ver, six jours douze heures ; il ne se métamorphose en mouche que le vingt-quatrième jour à dater de celui où l'œuf a été pondu

111. — *De l'essaimage.*

Au retour du printemps, si l'on observe une ruche bien peuplée et gouvernée par une reine féconde, on verra cette reine pondre, dans le courant d'avril et de mai, une quantité prodigieuse d'œufs de mâles; les ouvrières choisiront ce moment pour construire plusieurs cellules royales. Lorsque les vers issus des œufs que la reine a pondus dans les cellules royales, seront près de se transformer en nymphes, la reine sortira de la ruche en conduisant un essaim à sa suite. Le premier essaim qu'une ruche produit au printemps, est toujours conduit par la vieille reine. Quant à savoir pourquoi il en est ainsi, je l'ignore. Nous verrons bientôt que toutes les jeunes reines sont fort maltraitées dans les ruches qui doivent essaimer une seconde fois. Mais les abeilles se conduisent fort différemment envers la vieille reine destinée à conduire le premier essaim. Elles lui laissent la plus entière liberté dans ses mouvements; elles lui permettent de s'approcher des cellules royales, et si même elle entreprend de les détruire, les abeilles ne s'y opposent pas. Elle exécute donc ses volontés sans obstacle, et l'on ne peut pas attribuer sa fuite, comme celle des jeunes reines, à quelque contrariété qu'elle éprouverait. Cependant il est très-sûr que les vieilles reines ont, comme les jeunes, la plus grande aversion pour les individus de leur sexe. J'en ai la preuve dans le grand nombre de cellules royales qu'elles ont détruites sous mes yeux. Lorsque le temps reste plusieurs jours de suite à la pluie, ou que le miel commence à manquer à la campagne, elles les détruisent toutes; alors il n'y a point d'essaim. Elles n'attaquent jamais ces cellules, lorsqu'elles ne contiennent encore qu'un œuf ou une larve fort jeune, mais elles commencent à les redouter lorsque la larve est près de se métamorphoser en nymphe, ou qu'elle a déjà subi cette transformation. La présence des cellules royales qui contiennent des nymphes ou des vers sur le point de se métamorphoser inspire donc aussi aux vieilles reines une violente aversion. Alors pourquoi, étant maîtresses de les détruire, ne le font-elles pas toujours? il est possible que le grand nombre de cellules royales qui se trouvent à la fois dans la ruche, et le travail qu'il faudrait entreprendre pour les ouvrir toutes, excède leur patience ou leurs forces. Elles attaquent bien leurs rivales; mais ne pouvant pas les détruire assez promptement, leur inquiétude s'accroît et les jette dans une agitation extrême. Lorsqu'elles sont dans cet état, si le temps devient favorable, on comprend qu'elles s'empressent de sortir.

112. — *Agitation de la reine au moment de l'essaimage.*

Dès lors la reine commence à s'agiter. Bientôt sa démarche devient plus vive. En courant elle ne produit aucun son distinct, et l'on n'entend rien qui soit différent du bourdonnement ordinaire des abeilles. Elle passe sur le corps de celles qui se trouvent sur sa route. Quelquefois, lorsqu'elle s'arrête, les abeilles qui la rencontrent s'arrêtent aussi, comme pour la regarder; elles s'avancent brusquement vers cette reine, la frappent de leur tête et montent sur son dos; elle part alors, portant en croupe quelquesunes de ces ouvrières. Les premières abeilles que ses courses ont émues, la suivent en courant comme elle, et émeuvent à leur tour en passant celles qui sont encore tranquilles sur les gâteaux. Le chemin que parcourt la reine est reconnaissable après son passage, par l'agitation qu'elle y a causée et qui ne se calme plus. Bientôt elle a visité toutes les parties de la ruche, et y a excité un trouble général. S'il reste encore quelque endroit où les abeilles soient tranquilles, on voit celles qui sont agitées y arriver et y communiquer le mouvement. Les abeilles ne soignent plus leurs petits ; toutes courent et se croisent en tous sens. Celles mêmes qui sont revenues de la campagne avant cette grande agitation, ne sont pas plus tôt entrées dans la ruche, qu'elles participent à ces mouvements tumultueux ; elles ne songent plus à se débarrasser des pelotes de pollen qu'elles portent à leurs pattes, et courent aveuglément. Enfin, dans un moment, toutes les mouches, accompagnées de leur reine, se précipitent vers la porte de la ruche.

Une ruche bien peuplée au printemps, dans un beau jour, est ordinairement entre les 34e et 57e degrés centigrades ; mais pendant le tumulte qui annonce la sortie de l'essaim, le thermomètre dépasse 40 degrés, or, cette chaleur est intolérable aux abeilles ; lorsqu'elles s'y sentent exposées, elles cherchent avec précipitation la porte de la ruche et s'envolent.

L'essaim ne se forme que par un beau jour, ou pour parler plus exactement, dans un instant du jour où le soleil donne et où l'air est calme. Il m'est arrivé d'observer dans une ruche tous les signes avant-coureurs du jet, le désordre, l'agitation ; mais un nuage passait devant le soleil, et le calme renaissait ; les abeilles ne songeaient plus à essaimer. Une heure après, le soleil s'étant montré de nouveau, le tumulte recommençait, s'accroissait rapidement, et l'essaim ne tardait pas à partir.

115. — *Départ des essaims secondaires.*

Quand la ruche qui a essaimé une première fois est

fortement affaiblie dans sa population, elle ne pense plus à donner un second essaim. Les ouvrières laissent sortir librement de son berceau la jeune reine qui atteint la première son entier développement. Cette reine détruit sans opposition toutes ses rivales ; elle les perce de son dard après avoir ouvert les cellules royales à leur base. Mais s'il reste encore à la ruche une population passable, assez souvent elle se disposera à donner un second essaim. Dans ce cas, voici ce qui arrive invariablement. Les abeilles soudent le couvercle de la reine qui doit éclore la première. Cette jeune reine reste captive un jour ou deux, quelquefois plus longtemps ; elle ne reçoit de nourriture qu'en allongeant sa trompe par un petit trou percé dans le couvercle de sa cellule, les abeilles viennent lui donner du miel. Dans sa prison elle fait entendre des sons plaintifs qu'on a cru devoir appeler un chant. Ce chant de la reine est facile à distinguer, surtout le soir, en appliquant l'oreille contre la ruche ; il est composé de cris toujours du même ton et qui se suivent rapidement. Si, pour cause de mauvais temps, l'essaim ne sort pas le premier ou le second jour après que le premier chant aura été entendu, d'autres jeunes reines, arrivées à leur terme et retenues prisonnières comme la première, produisent les mêmes sons, mais plus faibles selon leur âge ; de sorte qu'on entend plusieurs chants à la fois. Après une captivité plus ou moins longue, l'aînée des jeunes reines reçoit enfin sa liberté. Mais elle ne peut en user contre ses rivales au berceau ; celles-ci sont protégées par un grand nombre d'abeilles qui les gardent assiduement. Dès qu'elle s'en approche, les gardes s'agitent, l'environnent, la mordent, la harcellent de toutes les manières, et finissent ordinairement par la chasser. Quelquefois alors elle chante, les abeilles en paraissent affectées, toutes baissent la tête et restent immobiles. Ce manége se répète fréquemment dans la journée ; enfin, la pauvre reine, maltraitée partout, parcourt l'intérieur de la ruche, communique aux ouvrières son agitation ; le trouble devient général et le second essaim ne tarde pas à partir. On peut s'attendre au départ d'un troisième essaim, si le soir ou le lendemain matin on entend le chant d'une autre reine.

A la fin le nombre des ouvrières se trouve tellement réduit, qu'elles ne peuvent plus faire autour des cellules royales une garde aussi sévère ; plusieurs jeunes reines sortent alors à la fois de leurs prisons, elles se cherchent, se battent, et celle qui est victorieuse règne paisiblement sur son peuple. Le lendemain on trouvera souvent devant la ruche qui a ainsi donné un essaim secondaire, une ou plusieurs reines sans vie ; on en trouvera aussi, quoique plus rarement, devant l'essaim. Dans ce dernier cas ce sont de jeunes reines qui, pendant le tumulte qui a précédé la sortie, se sont échappées parmi l'essaim. Je n'ai jamais remarqué de jeunes reines mortes en avant d'une ruche qui n'a essaimé qu'une fois, mais j'ai vu souvent dans l'intérieur de ces ruches, des cellules royales parfaitement closes et dans lesquelles se trouvaient de jeunes reines mortes ou des nymphes desséchées.

114. — *Ressource des abeilles pour remplacer leur reine.*

Lorsque les abeilles ont perdu leur reine, elles s'en aperçoivent très-vite, et au bout de quelques heures, elles se mettent à l'œuvre pour réparer leur perte. D'abord elles choisissent les jeunes vers d'ouvrières auxquels elles doivent donner les soins propres à les convertir en reines, et dès ce moment elles commencent à agrandir les cellules où ils sont logés. Le procédé qu'elles emploient est curieux.

Après avoir choisi un ver d'ouvrière, elles sacrifient trois
des alvéoles contigus à celui où il est placé; elles en emportent les vers et la bouillie, et élèvent une cloison cylindrique autour du ver préféré; la cellule devient donc un
vrai tube qui se trouve, ainsi que les autres cellules du
gâteau, placé horizontalement. Mais cette habitation ne peut
convenir à la larve devenue royale que pendant les trois
premiers jours de sa vie; elle doit être dans une autre position pendant les deux autres jours où elle reste encore à
l'état de ver. Pendant ces deux jours, portion si courte de
la durée de son existence, elle habite une cellule de forme
à peu près pyramidale, dont la base est en haut. On dirait
que les ouvrières le savent, car dès que le ver a achevé son
troisième jour, elles préparent le local qu'il doit occuper.
Elles rongent quelques-unes des cellules placées au-dessous
du tube cylindrique; sacrifient sans pitié les vers qui y sont
contenus, et se servent de la cire qu'elles viennent d'enlever pour construire un nouveau tube de forme pyramidale
qu'elles soudent à angle droit sur le premier, et qu'elles
dirigent par en bas. Le diamètre de cette pyramide diminue
insensiblement depuis sa base qui est assez évasée, jusqu'au
sommet. Pendant les deux jours que le ver y passe, il y a
toujours une abeille qui tient sa tête plus ou moins avancée
dans la cellule : quand une ouvrière quitte, il en vient une
autre prendre sa place. Elles travaillent à prolonger la
cellule à mesure que le ver grandit, et elles lui apportent
sa nourriture qu'elles arrangent autour de lui sous la forme
d'un cordon tourné en spirale. Ce ver, qui ne peut se mouvoir lui-même qu'en spirale, trouve ainsi la bouillie
toujours à sa portée. Il descend insensiblement, et arrive
enfin tout près de l'orifice de sa cellule : c'est à cette
époque qu'il doit se transformer en nymphe. Les abeilles,

n'ayant plus de soins à lui donner, ferment son berceau d'une clôture qui lui est appropriée; il y subit au temps marqué ses deux métamorphoses. C'est-à-dire que la reine parvient à l'état parfait d'insecte en seize jours, à dater du moment où l'œuf de l'ouvrière a été pondu. Les abeilles ne destinent à la royauté que des vers sortis de l'œuf depuis trois jours au plus. Mais elles emploient fréquemment des vers âgés de deux jours ou même d'un jour.

Cette belle découverte d'un ver d'ouvrière changé en reine a été faite par Schirach dans le milieu du dernier siècle. Voilà pourquoi j'appelle ces sortes de femelles, *reines Schirach.*

115. — *Détails sur les reines Schirach.*

Les ouvrières élèvent communément de six à huit reines. Ces reines sont toutes à peu près du même âge; il n'y a pas plus de 24 à 36 heures de différence entre la première qui arrive à terme et la dernière. La plus âgée sort de sa cellule, 11 jours et 12 heures environ après la mort de celle qu'elle vient remplacer. Son premier soin est d'attaquer ses rivales au berceau, ou de se battre corps à corps avec celles qui, étant entièrement développées, sont également sorties de leurs cellules. Voilà ce qui ne manque pas d'avoir lieu dans un panier médiocrement peuplé. Mais pendant la saison des essaims, et lorsque la ruche est très-forte, les jeunes reines sont retenues prisonnières dans leurs cellules; elles chantent le treizième jour à dater du moment où l'ancienne reine a disparu; ce n'est ordinairement que le quinzième qu'elles obtiennent leur liberté; elles en profitent presque toujours pour sortir à la tête d'un essaim secondaire.

Il est à remarquer que parmi les reines Schirach, quelques-unes sont de la petite espèce, tenant pour la taille le milieu entre l'ouvrière et la reine ordinaire. (141)

En visitant la ruche vingt-quatre heures après la perte de la mère commune, on voit que les abeilles ont travaillé à la remplacer; on distingue aisément celles de leurs élèves qu'elles ont destinées à devenir reines. Leurs cellules se font remarquer par la quantité de bouillie qu'elles renferment. Elles en contiennent alors infiniment plus que les cellules voisines. Il résulte de cette abondance de matière alimentaire, que les larves choisies par les abeilles pour remplacer un jour leur reine, au lieu d'être logées au fond de l'alvéole dans lequel elles sont nées, sont placées tout auprès de son orifice. On peut donc connaître les larves destinées à donner des reines, par l'aspect des cellules qu'elles habitent, avant même que celles-ci aient été élargies et qu'elles aient acquis une forme pyramidale.

Huber, qui a été mon guide, et à qui j'ai fait de nombreux emprunts pour l'histoire naturelle des abeilles, s'est trompé en assurant que les reines élevées selon la méthode découverte par Schirach, ne sont jamais retenues un seul instant prisonnières. Son erreur vient de ce qu'il n'a généralement opéré que sur des populations médiocres : il divisait les mouches d'une ruche en deux portions ce qui l'a nécessairement empêché de voir la captivité des jeunes reines, d'entendre leur chant, ou d'être témoin de leur départ à la tête d'un essaim.

116. — *Méprise des apiculteurs.*

Il y a une autre erreur où sont tombés les apiculteurs de notre temps. Tous répètent qu'une ruche privée de reine peut toujours s'en procurer une nouvelle, pourvu qu'elle ait de jeunes larves d'ouvrières âgées de trois jours au plus. Cette proposition est trop générale, trop absolue.

Les abeilles, qui perdent leur reine soit par accident, soit par le fait de l'homme, comme dans les essaims artificiels, la remplacent toujours, si dans le même moment elles ont de jeunes larves d'ouvrières qu'elles puissent élever à la royauté ; mais j'ai tenté bien des fois et toujours vainement, de faire produire des reines à des mouches qui en étaient privées depuis cinq ou six semaines par suite d'essaimage. Elles élevaient parfaitement le couvain de tout âge que je leur donnais, mais jamais je ne les ai vues transformer en reine une seule des larves qu'elles avaient à leur disposition.

Les ruches qui ont perdu leur reine pendant l'hiver, peuvent-elles la remplacer, si on leur donne au printemps de jeunes vers d'ouvrières? Mes expériences n'ayant pas été suivies avec assez de soin, je ne puis rien affirmer à cet égard (141).

Les apiculteurs doivent se mettre bien en garde contre les raisonnements. Dans mille occasions, j'ai voulu conclure d'un fait particulier à une loi générale ; mais bientôt les abeilles se chargeaient elles-mêmes de me donner un démenti formel, en me rendant témoin de faits opposés. Ce n'étaient pas elles qui manquaient de logique : si les faits étaient différents, c'est que les circonstances n'étaient plus les mêmes.

117. — *Du retard de la fécondation de la reine.*

Il a été constaté par Huber, que les reines fécondées seize jours seulement après leur naissance, produisent plus de bourdons que d'ouvrières, et qu'elles ne pondent que des œufs de mâles, si la fécondation n'a lieu que vingt jours après leur naissance. J'appelle naissance le moment où elles sont arrivées à leur état parfait de mouches. J'ai pu vérifier moi-même ce double fait : ainsi en 1851 et 1852, j'ai rencontré une reine qui produisait autant de bourdons que d'ouvrières, et avant cette époque, j'en avais vu plusieurs autres qui ne pondaient que des œufs de bourdons. Ces dernières avaient succédé à des reines qui étaient mortes en hiver ; elles n'avaient pu être fécondées que dans le mois d'avril, c'est-à-dire plusieurs mois après leur naissance (140). Les abeilles ont autant d'attachement pour les reines à demi-fécondées, que pour celles qui le sont complètement ; elles repoussent donc toute reine étrangère qu'on leur présente.

118. — *Des ouvrières fécondes, leur origine.*

Riem, officier au service de Saxe, fut le premier qui découvrit, vers la fin du dernier siècle, l'existence des ouvrières fécondes. Huber, par des expériences nouvelles, a vérifié et confirmé cette découverte. Les ouvrières fécondes ont tous les caractères de l'abeille commune : la petite poche aux pattes postérieures, la trompe longue et l'aiguillon droit, et il est impossible de les distinguer des ouvrières. Elles ne pondent jamais des œufs d'abeilles communes ; elles ne pondent que des œufs de mâles. Ce sont les ouvrières fécondes qui produisent le couvain de bourdons que l'on voit souvent en août, dans les ruches qui ont perdu leur reine à la suite de l'essaimage.

Les ouvrières fécondes naissent dans le voisinage des cellules à reines, et l'on peut supposer que la bouillie dont les vers ont été nourris a été mêlée de quelques portions de gelée royale. Nous avons vu que la bouillie qui sert à nourrir les vers royaux n'est pas la même que celle des vers

7

d'ouvrières; on la reconnaît à son goût aigrelet et relevé (109).

Les reines proprement dites ont pour les ouvrières fécondes la même jalousie et la même aversion que pour leurs semblables; elles se jettent sur elles et les massacrent sans rencontrer de résistance. Ces ouvrières fécondes ne peuvent donc exister à l'état de mouches que dans des ruches privées de reines. Du reste elles paraissent plus sociables entr'elles que les reines, car elles sont en certain nombre dans la même ruche. Lorsque, six semaines ou deux mois après le temps des essaims, il ne se trouve que du couvain de bourdons dans une ruche, cette circonstance seule accuse la présence d'ouvrières fécondes.

Les ruches orphelines, quand leur état dure depuis cinq ou six semaines, sont inhabiles à remplacer leur reine; elles ne reçoivent pas même une reine fécondée; ces deux faits, dont nous avons parlé dans les articles 90 et 116, semblent indiquer que les abeilles des ruches orphelines ont aussi, pour les ouvrières fécondes, un attachement qui leur fait oublier leur malheur et qui ne leur permet plus d'élever ou de recevoir d'autres mères.

119. — *Reines viciées, ouvrières fécondes, instincts divers.*

Les reines qui ne produisent que des bourdons, ne choisissent pas les cellules où elles doivent pondre leurs œufs; elles les déposent indistinctement dans les petites cellules et dans celles de bourdons; elles pondent aussi quelquefois dans des cellules royales. Les abeilles nourrissent les vers qui en proviennent, ferment ces cellules et les couvent jusqu'à la dernière transformation des mâles qu'elles contiennent. Les abeilles ne se trompent jamais sur la nature des œufs, qu'ils soient pondus dans des cellules d'ouvrières ou dans des cellules royales : elles les ferment au temps marqué avec des couvercles bombés, exactement semblables à ceux qu'elles placent sur les grandes cellules. Les mâles qui sortent des cellules d'ouvrières sont toujours petits ; ceux qui sortent des cellules royales le sont ordinairement aussi, quelquefois ce sont de grands faux-bourdons.

Les ouvrières fécondes, au contraire, ne sont point absolument indifférentes au choix des cellules où elles déposent leurs œufs. Elles préfèrent toujours de les pondre dans les grandes cellules, et ne les placent dans les petits alvéoles que lorsqu'elles n'en trouvent point d'un plus grand diamètre. Elles pondent aussi quelquefois dans les cellules royales, mais les œufs de celles-ci n'arrivent jamais à leur dernière transformation. Les ouvrières commencent à la vérité par donner tous leurs soins aux vers qui en proviennent ; elles ferment ces cellules au temps convenable ; mais jamais elles ne manquent de les détruire trois jours après les avoir fermées.

Observation. On pourra, au moyen des indications ci-dessus, distinguer si c'est à une reine viciée, ou à des ouvrières fécondes que l'on doit attribuer le couvain de bourdons que l'on trouve dans les ruches qui n'ont pas de couvain d'ouvrières.

120. — *Comment une reine tue ses rivales au berceau.*

Pour tuer ses rivales au berceau, la reine fait une large ouverture à la base de la cellule royale, et, si celle-ci renferme une reine déjà développée et prête à sortir de sa coque, elle y introduit le bout de son ventre et réussit ainsi à frapper sa rivale d'un coup d'aiguillon. Mais, si la cellule ne contient qu'une nymphe fort jeune, la reine se contente d'y faire l'ouverture dont il vient d'être question. Les abeilles se mettent alors à agrandir la brèche et à en tirer la reine ou la nymphe royale qui s'y trouve. Car, toujours et dès qu'une cellule royale a été ouverte avant le temps, les abeilles en tirent ce qu'elle contient sous quelque forme qu'il s'y trouve, ver, nymphe ou reine. Elles prennent avidement la bouillie qui reste au fond de ces cellules et sucent aussi ce qui se trouve de fluide dans l'abdomen des nymphes.

121. — *Combat de deux reines.*

Quand deux reines dans une ruche sont à portée de vue, elles s'élancent l'une contre l'autre, mais souvent elles se mettent dans une situation telle, que chacune a ses antennes prises dans les dents de sa rivale ; la tête, le corselet et le ventre de l'une sont opposés à la tête, au corselet et au ventre de l'autre. Dès que les deux rivales sentent que leurs parties postérieures vont se rencontrer, elles se dégagent l'une de l'autre et chacune s'enfuit de son côté, comme si elles craignaient de se percer réciproquement de leur aiguillon ; elles peuvent renouveler ce manége plusieurs fois jusqu'à ce qu'enfin l'une des deux, courant sur sa rivale, au moment où celle-ci ne la voit pas venir, la saisit avec ses dents à la naissance de l'aile, puis monte sur son dos, et amène l'extrémité de son ventre sur les derniers anneaux de son ennemie, qu'elle parvient facilement à percer. Elle lâche alors l'aile qu'elle tient entre ses dents, et retire son dard. La reine vaincue tombe, se traîne languissamment, perd rapidement ses forces et expire bientôt après. Les reines ont une telle aversion pour leurs semblables que même dans l'état de captivité, sous un verre par exemple, la première qui rencontre l'autre, la tue comme nous venons de le dire.

122. — *Comment est reçue une reine étrangère.*

Dans l'état naturel des ruches, s'il se présente à l'entrée une reine étrangère, les abeilles de la garde la saisissent à l'instant ; pour l'empêcher d'entrer, elles accrochent avec leurs dents ses pattes ou ses ailes, et la serrent de si près qu'elle ne peut se mouvoir. Peu à peu il vient de l'intérieur de la ruche de nouvelles abeilles qui se joignent à ce premier peloton et le rendent encore plus serré; toutes leurs têtes sont tournées vers le centre où la reine est enfermée et elles s'y tiennent avec un tel acharnement qu'on peut les prendre et les porter quelques moments sans qu'elles s'en aperçoivent.

Le peloton qu'elles forment, est de la grosseur d'une petite noix. La fureur des abeilles est extrême quand on essaie de leur faire lâcher prise, et l'on n'y réussit qu'avec la fumée. Si la reine reste trop longtemps prisonnière, elle périt, et sa mort est probablement occasionnée ou par la faim ou par la privation d'air.

Les abeilles tuent quelquefois les reines étrangères à coup d'aiguillons ; mais elles le font avec une sorte d'hésitation.

Si une reine étrangère est introduite dans une ruche pendant les douze premières heures qui suivent l'enlèvement de la reine régnante, les abeilles traitent la reine étrangère comme si l'autre vivait encore, c'est-à-dire, qu'elles la saisissent, l'enveloppent de toute part, et la retiennent captive dans un peloton impénétrable pendant une espace de temps très-long. Le plus souvent cette reine y succombe.

Lorsqu'on a laissé passer dix-huit heures avant de substituer une reine étrangère à la reine régnante, elle y est traitée d'abord de la même manière ; mais les abeilles qui l'avaient enveloppée se lassent plus vite; le peloton qu'elles forment autour d'elle n'est bientôt plus aussi serré; peu à peu elles se dispersent, et enfin cette reine sort de captivité; on la voit marcher d'un pas lent et languissant : quelquefois elle expire dans l'espace de quelques minutes. Nous avons vu d'autres reines sortir bien portantes d'une prison qui avait duré dix-sept heures, et finir par régner dans les ruches où d'abord elles avaient été si mal reçues.

Mais si on attend vingt-quatre ou trente heures pour substituer à la reine enlevée une reine étrangère, celle-ci sera bien accueillie, et régnera dès l'instant où elle sera introduite dans la ruche. Une absence de vingt-quatre ou trente heures suffit donc pour faire oublier aux abeilles leur première reine.

Nous ne parlons ici que d'une reine étrangère qui est fécondée.

125. — *Les ruches orphelines ne tuent pas leurs bourdons.*

Les abeilles ne tuent jamais les mâles dans les ruches privées de reine; elles leur accordent au contraire un asile assuré, dans les temps mêmes où elles en font ailleurs un horrible massacre; les bourdons y sont tolérés, nourris, et on y en voit un grand nombre, même au mois de janvier.

Ils sont également conservés dans les familles qui, n'ayant point de reine proprement dite, ont parmi elles quelques individus de cette sorte d'abeilles qui pondent des œufs de mâles, et dans celles où les reines à demi-fécondes, si je puis parler ainsi, n'engendrent que des bourdons. Le massacre n'a donc lieu que dans les ruches dont les reines sont complètement fécondées, et ce n'est qu'après la saison des essaims.

124. — *Le couvain réussit dans toutes les positions.*

La différence de position n'influe en rien sur l'accroissement des diverses larves d'abeilles. Ainsi un gâteau renfermant du couvain peut être replacé dans une autre ruche, n'importe dans quel sens. Même une cellule royale peut être renversée sans que l'accroissement du ver en soit moins rapide ni moins parfait.

Si l'on enferme dans une boîte grillée des œufs au moment où la reine vient de les pondre, et qu'on les place dans une ruche forte, pour qu'ils y aient le degré de chaleur qui leur est nécessaire, les vers éclosent au temps ordinaire comme si on les avait laissés dans les cellules. Ils n'ont donc pas besoin pour éclore, que les abeilles donnent aux œufs des soins particuliers.

Les abeilles ouvrières à l'état de nymphes, renfermées dans une boîte grillée, et introduites au milieu des abeilles, y peuvent également subir leur dernière métamorphose.

125. — *Couvercles des cellules à couvain et à miel.*

Le couvercle des cellules royales finit en pointe; celui de toutes les cellules, soit grandes soit petites, qui renferment des faux-bourdons est bombé; celui des cellules renfermant des ouvrières est presque plat; mais celui des cellules grandes ou petites qui contiennent du miel est tout-à-fait plat. Avec un peu d'habitude on fera aisément la distinction.

126. — *La cellule influe sur la taille de l'abeille.*

Quelle que soit la grandeur des alvéoles où les larves seront élevées elles n'y acquerront pas une taille supérieure à celle qui est propre à l'espèce; mais, si elles vivent sous leur première forme dans des cellules plus petites que celles

où elles doivent être, comme leur accroissement y sera
gêné, les mouches ne parviendront pas à la taille ordinaire.
Voilà pourquoi il se trouve souvent, dans les ruches, des
mâles ainsi que des reines qui n'ont pas toute la grandeur
qu'elles devraient avoir.

127. — *Durée de la vie des abeilles.*

Je crois que peu d'abeilles arrivent au terme assigné à
leur existence, et qu'une famille d'ouvrières se renouvelle
au moins deux fois l'an : celles-ci deviennent la proie des
oiseaux et des insectes ; celles-là, en grand nombre, sont
surprises par des vents froids, des pluies, des orages ;
beaucoup d'autres usent leurs ailes, et, après être parties
pour butiner et s'être chargées de miel ou de pollen, ne
peuvent plus retourner à leur ruche et sont victimes de leur
dévouement. En effet, au mois de juillet, on voit une grande
quantité d'abeilles dont les ailes sont plus ou moins échancrées, tandis qu'on n'en voit plus une seule en septembre.
Sont-elles mortes dans les champs, ou bien ont-elles été
expulsées de la famille? On sera disposé à partager mon
opinion sur le renouvellement de la famille, si l'on fait
attention à la prodigieuse quantité de couvain qu'une ruche
forte élève depuis le printemps jusqu'à l'automne, et surtout si l'on se rappelle que ce couvain se renouvelle tous les
vingt jours.

On peut comparer une famille d'abeilles à un régiment
qui monterait à l'assaut tous les huit jours et dont les vides
seraient journellement remplis par des recrues. A la fin de
la campagne, quoique son effectif fût au complet, il lui resterait cependant bien peu de ses premiers hommes.

De cinq cents abeilles que le célèbre Réaumur avait eu
la patience de marquer avec un vernis dessiccatif, dans le

mois d'avril, et qu'il avait reconnues les mois suivants,
lorsqu'elles allaient butiner sur les fleurs, il n'en trouva pas
une en vie dans le mois de novembre.

Pour renouveler une pareille expérience, il serait mieux
de couper une antenne à un grand nombre d'ouvrières, on
serait plus sûr de les reconnaître. L'amputation d'une antenne ne porte aucun préjudice à l'instinct de l'abeille (104).

Les reines n'ayant d'autres dangers à courir au dehors
que pendant le moment où elles sortent pour se faire féconder, ou pour accompagner l'essaim, elles doivent par-
courir assez communément l'espace de temps que Dieu
a marqué pour leur existence. On a vu la même reine
conduire un essaim deux années de suite. Les expériences
n'ont pas été poussées plus loin. On ne peut donc rien
affirmer sur la durée de leur vie, que les anciens suppo-
saient être de sept ans.

TROISIÈME PARTIE.

—

Les abeilles. — Mélanges.

———❦———

128. — *Conduire les ruches en pays de bruyère.*

Dans nos contrées, les abeilles ordinairement ne trouvent plus rien à récolter à partir de la seconde moitié de juillet. Il serait bien avantageux de pouvoir leur fournir des fleurs pour les derniers mois de la belle saison. J'ai toujours envié le sort des propriétaires de ruches qui se trouvent à proximité des pays de bruyère ou de sarrasin. Quand le temps est favorable en juillet et en août, les abeilles y amassent énormément de miel.

Le danger qu'il y aurait à transporter les ruches par les grandes chaleurs, est la seule objection qu'on puisse faire : on craint l'étouffement des mouches, on craint la chute et l'affaissement des gâteaux.

Si l'on sait multiplier les baguettes d'appui dans l'intérieur des ruches, si l'on a soin de les placer en bas, en haut et de façon qu'elles croisent les gâteaux; ceux-ci ne tomberont pas, c'est certain. Si les paniers sont enveloppés d'une serpillière (toile grosse et claire), l'étouffement n'est point à craindre.

En observant ces conditions et en voyageant la nuit, on peut sans inquiétude, transporter ses ruches par voiture ou par chemin de fer ; les accidents, s'il en arrive, seront rares.

129. — *La dyssenterie des abeilles.*

Ce que les apiculteurs appellent la dyssenterie des abeilles, n'est qu'une évacuation abondante, effet naturel d'un séjour prolongé dans la ruche. Pour en convaincre le lecteur, entrons dans quelques détails et citons des faits.

Premier fait. Assez souvent dans nos contrées, la température de novembre et de décembre ne permet pas aux abeilles de sortir de leurs ruches. Mais aussi en janvier, c'est un vent chaud du midi, c'est un beau soleil qui vient parfois réveiller la nature endormie, voyez avec quel empressement, avec quelle joie, nos abeilles vont s'ébattre dans le vague des airs. C'est pour s'alléger d'un petit fardeau qui les gêne. Le lendemain ou quelques jours après, c'est la même température, et cependant les abeilles ne sortent pas ou presque pas. Pourquoi cela ? c'est que les mêmes causes n'existent plus.

Second fait. Il peut arriver que pendant quatre mois de la mauvaise saison, les mouches n'aient pu sortir un seul instant de leurs ruches. Mais en mars, voilà une journée magnifique de soleil et de chaleur. Oh ! comme nos abeilles en profitent pour se décharger d'un poids qui leur pèse lourdement dans les flancs. Ce poids est une matière liquide qui, s'échappant de la mouche, tombe sur vos beaux habits et y forme une tache de la largeur d'une lentille. Si, le lendemain, le temps est aussi beau que la veille, les abeilles ne sont plus si empressées de s'échapper de leurs ruches, elles ne tachent plus nos habits. Pourquoi cela ? Parce que les prétendues malades se sont guéries par l'évacuation qui a eu lieu, et que pour elles il n'y a plus aucune raison pressante de sortir.

Jamais je n'ai remarqué d'autre dyssenterie ; mais j'ai vu un exemple frappant d'indigestion, j'en parlerai dans le dernier alinéa de l'article 132.

130. — *Nourrir les abeilles en été, résultat.*

En 1833, j'avais passablement d'essaims ; je les pesai tous dans les premiers jours d'août. Les uns avaient un poids brut de 9 à 10 kilogrammes, je ne leur donnai rien. Les autres ne pesaient que 6 et 7 kilogrammes, je distribuai à ceux-ci autant de miel qu'il en fallait pour les porter à 9 kilogrammes ; ainsi ceux qui n'allaient qu'à 6 kilogrammes reçurent 3 kilogrammes de miel.

Quatre semaines après, je pesai de nouveau les uns et les autres, c'est-à-dire, ceux auxquels je n'avais rien donné, et ceux que j'avais nourris. Voici le résultat.

Les premiers n'avaient presque rien perdu de leur poids, tandis que les derniers n'avaient augmenté que dans la proportion de la moitié du miel qu'ils avaient reçu. Qu'était devenue l'autre moitié ? elle avait servi à élever du couvain, car tous les essaims que j'avais nourris en avaient, au lieu que les autres en manquaient.

Vingt ans plus tard, j'ai renouvelé cette expérience. C'était en 1853. J'ai acheté 50 kilogrammes de miel de Bretagne. J'en ai distribué dans la dernière quinzaine de juin, 20 kilogrammes à trois essaims tardifs mais bien peuplés, et 30 kilogrammes à six ruches faibles. Le résultat a été le même qu'en 1833. Je n'ai plus retrouvé en juillet qu'environ les trois cinquièmes du miel que je leur avais donné, et cependant les autres ruches n'avaient pas sensiblement diminué de poids. Cette fois encore les abeilles avaient élevé du couvain, et avaient construit trois ou quatre décimètres carrés de gâteaux.

Je dois ajouter que ces ruches nourries avec le miel de Bretagne n'ont pas prospéré comme je m'y attendais. Etait-ce la faute du miel? je suis disposé à croire qu'il était falsifié, car, après une cuisson peu prolongée, il devenait comme du lait caillé; effet que je n'ai jamais vu dans le miel de Lorraine.

Quelquefois j'ai enlevé en juillet à de bonnes ruches des chapeaux (164) pleins de miel pour les donner à des essaims faibles, et j'ai presque toujours réussi à en faire de bons paniers. Cette dernière manière de compléter les provisions me paraît donc la plus convenable. Les abeilles ne touchent aux gâteaux du chapeau qu'au fur et à mesure de leurs besoins.

151. — *Trois essaims nourris en été.*

Essaim du 31 mai 1840.

Poids brut du 5 septembre 1840............		8^k,215
Ruche vide....................	2^k,075)	
Abeilles.....................	1 ,100)	7 ,300
Miel donné en juillet............	4 ,125)	
Récolte apparente....................		0 ,915
Moitié du miel reçu....................		2 ,062
Récolte réelle........................		2 ,982

Essaim du 8 juin 1840.

Poids brut du 5 septembre...............		8^k,685
Ruche vide....................	2^k,215)	
Abeilles.....................	1 ,685)	5 ,420
Miel donné en juillet............	1 ,530)	
Récolte apparente....................		3 ,260

Moitié du miel reçu...................... 0 ,765

Récolte réelle........................... 4 ,025

Essaim du 12 juin 1840.

Poids brut du 3 septembre 1840 .... 8^k,590

Ruche vide.................... 2^k,560)

Abeilles..................... 1 ,910} 5 ,440

Miel donné en juillet............. 0 ,970)

Récolte apparente..................... 3 ,150

Moitié du miel reçu.................... 0 ,485

Récolte réelle.... .... 5 ,635

Le poids des abeilles est celui qu'elles avaient le jour même de la mise en ruche de l'essaim.

Le miel donné était du miel de Bretagne.

D'après mes notes, l'essaim du 31 mai a eu l'avantage de quatre jours de récolte et de beau temps sur l'essaim du 8 juin, celui-ci a eu l'avantage de quatre journées de belle récolte sur l'essaim du 12 juin, en sorte que l'essaim du 31 mai avait sur celui du 12 juin une avance de huit jours de récolte; c'est énorme quand on sait que quinze ou vingt belles journées de travail, dans la saison du miel, suffisent ordinairement à un essaim bien peuplé, pour amasser ses provisions d'hiver.

En comparant la récolte du premier essaim avec celle des deux autres, en tenant compte surtout de l'avantage qu'il avait sur eux, on reconnaît la supériorité des populations fortes sur les faibles, et cependant la différence de population n'était que d'un tiers environ.

Nous avons dit dans l'article 150 que les abeilles n'emmagasinaient que la moitié du miel qu'on leur donnait en été; il faut donc avoir égard à cette circonstance pour apprécier la récolte vraie de nos trois essaims. Celui du 31 mai n'a donc réellement emmagasiné que la moitié du miel qu'il a reçu, cette moitié est de 2 kilogrammes 62 grammes. Il faut donc ajouter à sa récolte apparente l'équivalent de l'autre moitié pour former sa récolte réelle.

Il faut suivre la même règle pour les deux autres essaims, c'est-à-dire, ajouter à leur récolte apparente la moitié du miel qu'ils ont reçu, pour avoir leur récolte réelle.

152. — *Compléter en octobre les provisions.*

Il y a des années tellement malheureuses que les ruches, même les plus peuplées, ne peuvent pas compléter leurs provisions d'hiver. Que faire en pareil cas ? Le bon miel est cher, le miel de Bretagne n'est pas toujours pur, nourrir les abeilles en été, est fâcheux ainsi que nous venons de le constater. Faut-il donc laisser périr son rucher ? Après avoir longtemps réfléchi sur cette question, voici ce que je propose aux apiculteurs comme sujet d'étude et d'expérience.

La cassonade est moins chère, et renferme plus de matière sucrée que le miel. Je pense qu'on pourrait nourrir les abeilles, pendant quelque temps, avec un sirop composé par exemple de 1 kilogramme de cassonade dissoute dans un litre d'eau. On donnerait aux ruches, dans les premiers jours d'octobre, assez de ce sirop pour qu'elles pussent, avec le peu de miel qu'elles ont, gagner les premiers jours d'avril. Si, à la sortie de l'hiver, on voit que les abeilles n'ont pas souffert de cette nourriture, on la continuera jusqu'au mois de mai. Voir le dernier alinéa de l'article 14.

Le mois d'octobre me paraît le moment le plus convenable : à cette époque les abeilles ne dissiperont plus leurs provisions, comme en juillet, par l'éducation du couvain ; d'un autre côté, la température étant encore douce, les

mouches ne seront pas exposées aux indigestions qui sont
si communes et si funestes, quand on les nourrit pendant
les froids de novembre ou de mars.

J'ai eu occasion de voir les effets terribles de l'indigestion chez les abeilles. Un de mes amis s'est avisé d'enlever
à ses ruches une grande partie de leurs provisions d'hiver,
en se promettant bien de leur rendre l'équivalent en miel
de Bretagne. Il choisit le mois de novembre pour leur faire
cette restitution. Le temps était froid et pluvieux. Les
abeilles, après s'être gorgées de miel, s'échappèrent de la
ruche : les unes tombèrent à terre et périrent misérablement, les autres purent se débarrasser dans les airs de leur
trop plein ; la terre était presque littéralement couverte de
leur matière fécale, et l'intérieur de la ruche en était entièrement tapissée. Enfin, au printemps, il ne restait plus
sur le rucher que des paniers faibles et malheureux.

133. — *Le principe sucré est l'origine de la cire.*

« Nous prîmes cinq cents grammes de sucre blanc
réduit en sirop, et nous le donnâmes à un essaim que nous
tînmes renfermé dans une ruche vitrée. En même temps
comme objet de comparaison nous introduisîmes dans deux
autres ruches deux essaims, qu'on nourrit l'un avec de la
cassonade très-noire, l'autre avec du miel. Les abeilles des
trois ruches produisirent de la cire ; celles qui avaient été
nourries avec du sucre de différentes qualités, en donnèrent
plus tôt et en plus grande abondance que l'essaim qui
n'avait été alimenté qu'avec du miel. Cinq cents grammes
de sucre blanc réduit en sirop, et clarifié avec le blanc
d'œufs, produisirent quarante-deux grammes d'une cire
moins blanche que celle que les abeilles extraient du miel.
La cassonade à poids égal donna quatre-vingt-six grammes

de cire très-blanche. Pour nous assurer de ces résultats, nous répétâmes cette expérience sept fois de suite avec les mêmes abeilles, et nous obtînmes toujours de la cire, et à peu près dans les proportions indiquées ci-dessus. Il est inutile d'ajouter que, pendant tout le temps, les abeilles ont été retenues dans leurs ruches, sans pollen, n'ayant que de l'eau, du miel ou du sucre. » *C'est Huber qui a parlé dans cet article.*

154. — *Faits divers.*

Le *pollen* est une matière que les abeilles recueillent sur les étamines des fleurs, et qu'elles rapportent dans la poche dont sont munies leurs pattes de la troisième paire. Le *pollen* ne sert et ne peut servir que pour la nourriture du couvain. Il n'est plus permis maintenant de lui attribuer une autre destination.

Des abeilles sans reine, emprisonnées et ayant à leur disposition du miel, du pollen et du couvain sous la forme de larves, ne paraissent pas souffrir de leur captivité, elles élèvent les larves, elles élèvent même des reines Schirach (114); mais privées de pollen, elles abandonnent leurs petits et font de grands efforts pour sortir de leur prison.

Ruches plus actives que d'autres. C'est un fait bien constaté que certaines ruches ont beaucoup plus d'activité que d'autres. Ainsi, au printemps, j'espère toujours plus d'un essaim de l'année précédente que d'une autre ruche, quoique les populations soient égales de part et d'autre; ainsi une ruche, qui a donné un essaim dans la dernière campagne, réussira généralement mieux qu'une autre qui n'a pas essaimé, quand même les populations seraient équivalentes.

Réunion des ruches plus ou moins difficile. En été, par

les temps orageux ou pluvieux, il est assez difficile de mettre les abeilles en état de bruissement. Les réunions d'essaims sont plus difficiles à opérer avec succès.

Une population dont on vient de retirer la reine et qui a du couvain, fraternise facilement avec une autre population à laquelle on la réunit. Quelques bouffées de fumée avant et après la réunion, suffisent pour prévenir tout combat.

Essaim se logeant dans une ruche à gâteaux. On a laissé par négligence sur le rucher un panier dont les abeilles sont mortes. Les constructions existent, mais il n'y a plus personne pour les habiter. Au moment de l'essaimage, on remarque dans ce panier autant d'animation que dans les autres. D'où vient cette population qui est venue si à propos le raviver? C'est tout simplement un essaim qui s'y est établi. De tels cas ne sont pas rares.

Ne pas changer les ruches de place. Que les ruches soient sur un rucher ou en plein air avec des surtouts, on ne doit pas les déplacer pendant toute la belle saison; si on le fait, les abeilles, accoutumées à leur place, y reviennent et sont désorientées quand elles n'y trouvent plus leur ruche; elles se jettent dans les voisines plutôt que d'aller à la recherche du nouveau domicile de la famille. Si, pour de bonnes raisons, on se trouve obligé de changer les ruches de place, on le peut depuis novembre jusqu'en mars, même à cette époque, il y a encore des inconvénients, mais bien moindres qu'en été. Je ne parle pas du cas où on les transporterait à une distance considérable, à deux kilomètres, par exemple. Il n'est pas question non plus des essaims : on peut les placer où l'on veut, le jour même de leur sortie et avant que les abeilles aient pris l'habitude de la place qu'ils occupent. Enfin, il faut excepter quelques cas prévus dans d'autres parties de cet ouvrage où, pour certains cas, on conseille des permutations de ruches.

Couvain en janvier. Le mardi 28 janvier 1840, j'ai trouvé dans un essaim de l'année précédente du couvain sous ses trois formes, œufs, larves, nymphes prêtes à éclore. Un coup de vent avait renversé le petit rucher sur lequel était cet essaim ; les gâteaux étant détachés, il m'était facile de les examiner.

Le jeudi 3 février 1848, le soleil était chaud. Ayant visité une de mes plus fortes ruches, j'ai pu y voir des gâteaux remplis de couvain à l'état de nymphes, ce couvain était abondant, il descendait presque sur le plateau ; j'estime à six décimètres carrés la superficie qu'il couvrait sur les deux faces des gâteaux.

Tous les ans dans le mois de janvier, j'aperçois à la porte de quelques ruches des nymphes avortées que les mouches ont retirées des cellules. Je n'ai jamais remarqué ce fait dans les mois de novembre et de décembre.

Distance à mettre entre les ruches. Dans les grandes chaleurs de l'été, il peut arriver que les abeilles d'une ruche communiquent avec celles de la ruche voisine. Ce mélange des deux populations donne lieu à des combats d'avant poste, quelquefois même il devient si intime que les deux peuples finissent par n'en plus faire qu'un seul : l'une des ruches perd sa reine et sert ensuite à l'autre de magasin à miel. Pour prévenir ces accidents, il suffit de dresser une planchette entre les deux ruches, ou bien, si la chose et possible, de mettre une intervalle de 10 centimètres entre les plateaux.

135. — *Distance que parcourent les abeilles.*

Il paraît certain que les abeilles ne vont pas butiner au-delà de trois kilomètres autour de leur habitation. Si vous ne transportez des ruches qu'à deux kilomètres, quelques abeilles reviennent à leur ancienne place, ce qui n'arrive jamais pour une distance double. Deux ruchers éloignés l'un de l'autre d'un à deux kilomètres seulement, fournissent quelquefois des récoltes bien différentes. On ne peut expliquer ces différences notables que par un canton où des fleurs, celles du mélilot par exemple, se trouvaient plus à proximité de l'un que de l'autre. Il n'y a donc que les fleurs répandues sur un rayon de trois kilomètres qui puissent approvisionner un rucher. Je n'oserais aller au delà de soixante à quatre-vingt ruches pour la même localité. Je crois même qu'un rucher composé de vingt paniers, réussirait proportionnellement mieux qu'un autre qui en réunirait à lui seul quarante ou cinquante, quand même ce dernier ne serait placé qu'à une centaine de mètres du premier. Je crois aussi que les ruches qui essaiment sont plus exposées à devenir orphelines dans un grand rucher que dans un petit.

156. — *Produit moyen des abeilles.*

Le miel et la cire, voilà le but final que nous nous proposons dans tous nos soins pour les abeilles. Quelques personnes les cultivent aussi comme d'autres cultivent les fleurs; elles se passionnent pour ces petits insectes et y consacrent tous leurs loisirs; elles en font un objet de délassement plutôt qu'une affaire d'intérêt; qu'elles réussissent plus ou moins bien, ce n'est pas ce qui les occupe beaucoup. Tout en respectant cette passion qui tient peut-être la place d'une autre moins innocente, ce n'est point pour ces personnes que j'ai fait mon travail. Je m'adresse aux hommes d'industrie qui veulent exploiter, de la manière la plus avantageuse, cette toute petite portion du vaste domaine de la nature que Dieu nous a abandonné ; je veux les prémunir contre les déceptions et les dégoûts, suite ordinaire d'une mauvaise administration ; je veux enfin leur faire connaître, sans exagération, les bénéfices qu'avec une bonne culture ils ont droit d'attendre. Si ces bénéfices ne répondent pas à leur ambition, qu'ils renoncent aux abeilles, autrement ils s'exposent à bien des mécomptes.

Avec une bonne direction, un rucher composé de vingt bons paniers fournira, année commune, de 30 à 40 kilogrammes de miel et environ 4 de cire fondue. Mais pour obtenir ce résultat, prenez-y garde, il faut empêcher l'essaimage des abeilles ; le permettre seulement aux meilleures ruches, afin de remplacer par des essaims, tout ce qui viendra à dépérir par une cause ou par une autre. J'entends faire entrer dans mon calcul le miel et la cire des ruches surnuméraires. Il est clair que si, au lieu de m'en tenir à vingt bons paniers, je veux aller jusqu'à vingt-cinq, je compterai comme produit les cinq paniers nouveaux.

Craignant par-dessus tout le reproche d'inexactitude, je vais entrer dans quelques explications. Mes observations ont été faites dans un pays où l'on ne rencontre ni sarrasin, ni bruyère, les récoltes de miel n'y sont pas abondantes ; toutefois je connais des ruchers qui donnent des produits plus séduisants, mais ils ne doivent cette prospérité qu'à des circonstances locales et exceptionnelles.

Ainsi le mélilot, si commun dans certaines localités, est d'une grande ressource pour les abeilles dans un moment où elles ne trouvent plus rien ailleurs, c'est-à-dire en juillet ; ainsi la navette d'été, cultivée seulement dans quelques communes, est une autre cause de prospérité exceptionnelle ; enfin le colza, si avantageux au printemps, n'est pas une plante de tous les pays à grande culture. Mes estimations, au contraire, seraient exagérées pour les grands vignobles : les abeilles y prospèrent moins bien que partout ailleurs, les fleurs des prairies étant presque leur unique ressource.

Les ruchers à portée des forêts donnent ordinairement des essaims plus précoces et plus nombreux que dans la plaine, c'est probablement aux chatons du noisetier et du saule marceau qu'ils le doivent; mais cette prospérité n'est qu'apparente; elle se réduit souvent à rien. Ces ruchers rapporteront peu de chose si l'on n'emploie pas toute son industrie à empêcher l'essaimage, ou si l'on ne double pas tous les essaims en en réunissant même quelquefois trois ensemble, quand ils sont par trop faibles.

137. — *Trouver la reine d'un essaim.*

Voici comment on réussira neuf fois sur dix à trouver la reine d'un essaim. On le secoue doucement et successivement dans cinq ou six chapeaux (164); les abeilles tombent et s'étendent sur les parois intérieures ; on retourne les chapeaux. Une demi-heure ou une heure après, les groupes commencent à s'agiter : les uns un peu plus tôt, les autres un peu plus tard. Un seul reste calme, c'est celui qui possède la reine, c'est là qu'il faut la chercher.

On enfume une des portions qui sont agitées, le bruissement y est bientôt établi, on secoue à 30 centimètres de distance le groupe qui tient la reine, les abeilles entendent le bourdonnement voisin, elles se dirigent vers ce côté, quelques bouffées de fumée les engagent toutes à suivre le même chemin. Quand on les voit en marche pour franchir les 30 centimètres qui les séparent de leurs sœurs, on regarde attentivement, et dès qu'on aperçoit la reine, on la couvre avec un verre qu'on tient à la main.

C'est curieux de voir les abeilles dans cette circonstance. Elles ressemblent à un troupeau de moutons qui se pressent de rentrer dans la bergerie.

On peut faire cette chasse à la reine dans une chambre à toute heure de la journée; mais elle ne devra être faite en plein air que le soir, une heure avant le coucher du soleil ou le matin avant six heures.

158. — *Mesure et nombre des cellules d'une ruche.*

Les alvéoles des ouvrières et des bourdons forment tous des hexagones.

L'apothème ou petit rayon d'un alvéole d'ouvrière a une longueur de 2 millimètres 6 dixièmes	$2^{mm},6000$
Chaque côté du même alvéole a donc.....	3 ,0020
La surface en millimètres carrés est donc de	23 ,4156

Donc un gâteau d'un décimètre carré renferme 427 cellules sur chaque face, ou 854 sur les deux.

La profondeur des alvéoles, est de........	12 ,

Ceux qui servent à emmagasiner le miel, ont quelquefois plus de profondeur.

L'apothème d'une cellule de bourdon, est de	3 ,3000
Chaque côté de cette cellule a donc........	3 ,8110
La surface, en millimètres carrés, est donc de.............................	35 ,4565

Un gâteau d'un décimètre carré renferme donc 282 cellules sur chaque face, ou 564 sur les deux.

La profondeur des cellules est de.........	15 ,

D'après ces calculs on peut savoir approximativement le nombre de cellules que renferme une ruche de la capacité de 27 litres.

Cette ruche contient environ 64 décimètres carrés de gâteaux.

Les gâteaux à cellules d'ouvrières sont dans la proportion des trois quarts au moins.

Il y a donc dans cette ruche, 48 décimètres carrés de gâteaux à cellules d'ouvrières, et 16 seulement à cellules de bourdons.

Or le décimètre carré contenant 854 cellules d'ouvrières, les 48 donnent, 40,992 cellules d'ouvrières.

Et le décimètre carré contenant 564 cellules à bourdons, les 16 donnent, 9,024 cellules de bourdons.

La ruche renferme donc, en cellules des deux espèces, l'étonnante quantité de 50,016 cellules.

139. — *Reconnaître d'où sort un essaim secondaire.*

Nous avons dit, art. 52, qu'il fallait rendre à la ruche-mère l'essaim secondaire. Mais souvent on ignore de quelle ruche est sorti ce petit essaim que l'on voit suspendu à une branche d'arbre et qui est très-probablement un essaim secondaire. Si vous êtes curieux de le savoir, suivez-moi. Vous aviez une ruche où la reine chantait, allez écouter, et si vous n'entendez plus rien, c'est que l'essaim est sorti de cette ruche. Si vous n'avez pas fait attention au chant de la reine, il vous reste encore un autre moyen de constater l'origine de votre essaim. Le lendemain au lever du soleil, mettez quelques pincées de farine au fond d'un verre, puisez dans l'essaim quelques centaines d'abeilles ; les mouches emprisonnées dans le verre tombent et retombent dans la farine, elles s'en font un vêtement. Donnez-leur alors la liberté. Elles vont d'abord voltiger là où, la veille, elles ont été mises en ruche, mais n'y retrouvant plus la famille, elles se décident enfin à retourner à la ruche-mère et fournissent ainsi leur acte de naissance.

Quand même nos abeilles réussiraient à se débarrasser de leur vêtement d'emprunt, elles trahiraient encore leur origine, en rentrant à une heure où personne dans les autres ruches ne rentre parce que personne n'est encore sorti.

Chant de la reine. L'essaim secondaire se fait toujours annoncer dès la veille par le chant de la reine (48), cela est certain. Quelquefois la reine met d'assez longs intervalles entre son chant, et alors il faut écouter patiemment et attentivement pour l'entendre; mais, chose curieuse, il suffit de frapper du doigt contre la ruche et aussitôt la reine se remet à chanter. J'ignorais cette particularité; ce n'est que depuis l'impression de l'article 48 que je l'ai apprise d'un ami en qui j'ai toute confiance.

140. — *Orpheline du 7 février 1848.*

Le 7 février 1848, à 10 heures du matin, j'ai trouvé une reine morte devant la porte d'une ruche; les abeilles étaient très-agitées, elles s'envolaient, quoique le temps fût pluvieux et que le thermomètre centigrade ne marquât que 7 1/2. L'agitation a continué jusqu'à la nuit.

Le 19 février, à midi, à la porte de la même ruche, j'ai trouvé deux jeunes reines mortes; elles n'étaient pas encore entièrement formées, il leur manquait peut-être 24 heures.

Le 21 février, devant la porte de la même ruche, j'ai trouvé une troisième reine. Celle-ci et les deux premières étaient bien certainement des reines Schirach (114).

8

Le 22 février, devant la même ruche, j'ai trouvé neuf nymphes de bourdons.

Le 27 mars, ayant ôté des hausses aux ruches, et ayant rassemblé des gâteaux où se trouvaient du couvain de tout âge, je les ai placés sans beaucoup d'ordre sur le couvercle de cette ruche (124), et je les ai recouverts d'un chapeau. Les abeilles se sont mises à les couver; œufs, vers et nymphes, tout est venu à bien, mais elles n'ont pas formé de reines.

Le 15 avril, ayant démoli la ruche, j'ai trouvé et tué la reine; elle ne pondait que des œufs de faux-bourdons (117).

141. — *Orpheline du 19 février 1848.*

Le 19 février 1848, à midi, j'ai trouvé une reine morte devant une autre ruche. L'agitation, le bruissement, la sortie, en un mot toutes les circonstances remarquées le 7 février se sont reproduites.

Le 2 mars, à midi, devant la même ruche, j'ai trouvé une reine morte; c'était de la petite espèce (115). Cette année février ayant 29 jours, il y avait douze jours pleins que les abeilles avaient perdu leur reine.

Le 27 mars, j'ai donné à cette ruche des gâteaux contenant des œufs, des vers et des nymphes d'ouvrières que j'ai placés absolument comme je l'avais fait pour la ruche orpheline du 7 février. Les abeilles ont couvé les œufs et nourri le couvain, de plus elles ont élevé plusieurs reines Schirach.

Le 7 avril, une de ces reines était sortie de son alvéole, les autres n'étaient pas encore à l'état de mouche, elles étaient de la petite espèce.

Le samedi 15 avril, j'ai démoli cette ruche; j'ai trouvé et

tué la reine ; elle était de la petite espèce et non fécondée, car il n'y avait ni œufs ni larves dans la ruche.

142. — *Essaims artificiels en 1849.*

Dans les derniers jours d'avril 1849, j'ai placé des chapeaux sur quatre ruches. Le 25 mai suivant, deux étaient pleins ; les deux autres, remplis aux deux tiers ; et tous avaient du couvain. Le même jour j'ai mis des hausses sous ces chapeaux, de cette façon chaque ruche formait deux ruches bien distinctes, la nouvelle composée du chapeau et de la hausse, et l'ancienne qui n'avait que deux hausses.

Le vendredi 8 juin, à 4 heures du soir, j'ai dédoublé les quatre ruches dont nous venons de parler. Les anciennes sont restées à leur place, les quatre nouvelles ont été portées à quelque distance sur le rucher. Je donnerai à ces dernières des numéros d'ordre pour les distinguer. Les numéros 1, 2, 3 n'avaient pas la reine, mais ils avaient du couvain ; le numéro 4 seul avait la reine.

Le samedi 9 juin, les abeilles ne sont pas sorties à cause du mauvais temps. A 6 heures du soir, j'ai visité les trois premiers numéros, et j'ai pu remarquer dans chacun sept ou huit cellules royales commencées. Dans le même moment j'ai réuni le numéro 1 avec le numéro 2 et le numéro 3 avec le numéro 4.

La réunion s'est faite sans combat et presque sans fumée. Suivons maintenant l'histoire de ces deux nouvelles ruches.

Histoire du numéro 1-2. Le mercredi 13 , à 8 heures du matin, j'ai visité la double ruche composée des numéros 1 et 2. Toutes les cellules royales étaient fermées, excepté une seule. Il s'était passé quatre jours seize heures depuis la séparation opéré le 8 juin. Le mercredi 20 juin, à 8 heures du matin, l'ayant visitée de nouveau, j'ai trouvé deux reines tuées dans leurs cellules (120), ce qui prouvait qu'une première était déjà éclose. J'ai enlevé les autres cellules royales ; elles contenaient des reines de la grande espèce prêtes à éclore. La pointe des cellules était décirée, il ne restait plus que le tissu de la coque.

Histoire du numéro 3-4. Le lundi 18 juin , j'ai visité la double ruche composée des numéros 3 et 4. Les commencements de cellules royales, que j'avais observés le 9 juin dans le numéro 3, étaient détruits ; il n'en restait plus aucune trace. Cela devait être, puisque le numéro 4, auquel il était associé, avait conservé la reine.

Le samedi 23 juin, à 7 heures du soir, j'ai dédoublé les numéros 3 et 4. La reine se trouvait dans le numéro 4. J'ai eu quelque peine à m'en apercevoir le jour même, ce n'est que le dimanche à 5 heures du matin que j'ai pu en avoir la certitude. Le numéro 4 était resté à sa place, les abeilles du numéro 3 allaient et venaient en avant de leur ruche ; elles manifestaient clairement leur inquiétude ; puis elles s'envolaient et revenaient au numéro 4, où elles témoignaient de leur joie en battant des ailes.

Le lundi 25 juin, à 9 heures du matin, j'ai visité le numéro 3 qui était sans reine, comme nous venons de le dire ; j'y ai trouvé 7 cellules royales commencées.

Le mercredi 27 juin, à 6 heures du soir, aucune de ces cellules n'était fermée.

Le jeudi 28 juin, à six heures du matin, une première cellule se trouvait fermée ; il y en avait une deuxième à 6 heures du soir ; deux autres paraissaient devoir se terminer pendant la nuit ; trois autres semblaient être abandonnées, elles n'avançaient pas.

Le jeudi 5 juillet, à 8 heures du matin, trois des qua-

tre cellules fermées ou près de l'être le 28 au soir, étaient
tout-à-fait démolies ; il n'en restait plus aucune trace ; la
quatrième ne l'était pas encore tout-à-fait. En avant de la
ruche, j'ai vu deux reines mortes ; dans l'après-midi, j'en ai
vu une troisième. Voilà donc, y compris la reine régnante,
les quatre reines que j'avais remarquées le 28 juin à 6
heures du soir.

143. — *Essaim artificiel, chant des reines.*

Dans le deuxième alinéa de l'article 142, nous avons dit
que le numéro 4 avait conservé la reine ; l'ancienne ruche
dont ce numéro (4) avait été séparé n'avait donc plus de
reine, cette ruche était restée à sa place, sa population était
très-forte. Voici son histoire.

Le jeudi 21 juin, à 7 heures du matin, j'ai entendu,
mais faiblement, le chant des reines dans cette ruche. Le
soir, le chant était plus fort.

Le vendredi 22, à 9 heures du matin, je lui ai enlevé
cinq cellules royales, deux renfermaient des reines parfaitement développées ; une d'elles appartenait à la petite espèce ;
les trois autres cellules renfermaient aussi des reines, mais
elles étaient mortes et il leur eût fallu encore vingt-quatre
heures environ pour arriver à terme. J'ai vu plusieurs fois le
même fait dans des ruches qui avaient essaimé naturelle-
rellement ; les cellules restaient fermées et les reines étaient
mortes.

Malgré l'enlèvement des cinq cellules, le chant des reines
continua le soir même du 22 juin.

Le samedi 23 juin, à 10 heures et demie, il est sorti de
la ruche un essaim qui, après s'être rassemblé à demi, est
rentré. Le soir, le chant des reines cessa, l'essaim ne res-
sortit plus.

Déjà en 1847 et en 1848, deux ruches dont j'avais tiré un essaim artificiel avaient fait entendre le chant des reines et donné un essaim secondaire.

144. — *Essaims artificiels en 1850.*

Le vendredi 31 mai 1850, à 8 heures du soir, j'ai tiré trois essaims artificiels de trois ruches sous chacune desquelles j'avais placé d'abord un chapeau ensuite une hausse. C'étaient donc trois doubles ruches. Les ruches supérieures, composées de deux hausses, étaient les anciennes ; elles ont été portées à quelque distance sur le rucher, elles avaient chacune la reine. Les ruches inférieures, formées chacune d'un chapeau et d'une hausse, sont restées en place. Nous leur donnerons des numéros afin de suivre leur histoire.

Histoire du numéro 1. Le mercredi 12 juin, à 8 heures du matin, j'ai visité le numéro 1. C'était le plus faible des trois. Une cellule royale était ouverte et presque détruite ; la reine en était sortie ; j'ai vu en outre huit cellules royales fermées ; j'en ai enlevé six ; je n'aurais pu enlever les autres sans endommager fortement les gâteaux. Pendant la journée, une reine est sortie d'une des cellules enlevées, j'en ai placé deux par-dessus les couvercles des numéros 2 et 3 et deux autres aussi, sur le couvercle du numéro 1. Elles étaient sous de grands verres à bière renversés sur une toile métallique à travers laquelle les abeilles ouvrières seules pouvaient passer.

Histoire du numéro 2. Le jeudi 13 juin, à 9 heures du soir, le chant des reines se fait entendre fortement dans le numéro 2.

Le vendredi 14 juin, le chant des reines continue, le temps est mauvais.

Le samedi 15 juin, les reines en grand nombre chantent, grande pluie pendant la journée.

Le mardi 18 juin, le numéro 2 a essaimé, l'essaim a été recueilli et le lendemain matin j'ai trouvé trois reines mortes sur le devant.

Histoire du numéro 3. Le jeudi 15 juin, à 9 heures du soir, les reines chantent dans le numéro 3.

Le vendredi 14 juin le chant continue, le temps est à la pluie.

Le samedi 15 juin, les reines chantent, mais elles ne paraissent pas nombreuses.

Le mardi 18 juin, on n'entend plus rien et cependant la ruche n'a pas essaimé.

Le lundi 1er juillet, j'ai visité ces numéros 1, 2 et 3. Aucun n'avait ni couvain ni reine par conséquent, le même jour j'ai réuni les numéros 1 et 3 à deux autres ruches qui avaient des reines ; le numéro 2, je l'ai réuni à son essaim du 18 juin qui avait des œufs et des larves mais qui n'avait pas encore de nymphes.

Ces trois réunions se sont faites sans combat et avec très-peu de fumée.

Autres essaims artificiels. Le mercredi 12 juin 1850, à 7 heures du soir, j'ai fait quatre essaims artificiels. Les trois premiers n'ayant présenté aucune particularité nouvelle, je ne m'en occuperai pas. Je ne parlerai que du quatrième dont l'histoire est très-intéressante.

La ruche sur laquelle j'ai opéré n'avait au printemps que deux hausses. Après avoir placé successivement sur son couvercle un chapeau, puis une hausse ; j'enlevai le chapeau avec sa hausse et le portai à distance sur le rucher, l'ancienne ruche resta à sa place. Une demi-heure après l'opération, les abeilles de la nouvelle ruche sortaient et s'envolaient, non pas une à une, mais en grand nombre, pour retourner à la mère. Un quart d'heure eût suffi pour la rendre déserte, je la porte bien vite à la place de la mère, et celle-ci un peu plus loin. La nouvelle ruche était toujours dans une grande agitation : les mouches sortaient, rentraient, puis sortaient et rentraient encore, elles étaient folles d'inquiétude et voltigeaient de tout côté, cherchant partout leur reine.

Je lui donnai alors par-dessus son couvercle, des œufs et de jeunes larves d'ouvrières, et enfin deux cellules royales que j'avais enlevées à une autre ruche le même jour, à 8 heures du matin; de plus j'y ajoutai une jeune reine. Les abeilles se sont un peu calmées, la nuit m'est venue aussi en aide. Le jeudi 13 juin, dans la matinée, il y avait encore passablement d'agitation. La reine que j'avais donnée la veille était morte; cependant les abeilles se mirent à couver les cellules royales et le couvain; le soir à 9 heures, tout était calme dans cette ruche naguère si agitée.

Le vendredi 14 juin, à 6 heures du matin, la ruche est dans le calme le plus profond; elle a commencé deux cellules royales dans le petit gâteau de couvain que je lui ai donné le 12 juin. Ce même jour 14 juin, j'ai enlevé les deux cellules royales que je lui avais données le 12; les reines en étaient sorties; je les ai enlevées aussi. N'oublions pas que cette ruche avait commencé des cellules royales; elle pouvait donc se passer des deux reines d'emprunt que je lui enlevais; ce même jour 14 juin, à 6 heures du soir, j'introduisis dans la ruche une jeune reine, c'était la seconde; elle n'a pas été plus heureuse que sa devancière; je l'ai trouvée morte avant la nuit.

Le dimanche 16 juin, j'introduisis une jeune reine dans la ruche, c'était la troisième, elle subit le même sort que ses aînées, car je l'ai trouvée morte une heure après.

Le mercredi 19 juin, je lui ai donné une cellule royale que j'avais enlevée à une ruche qui avait essaimé naturellement et dont les reines chantaient.

Ce même jour 19 juin, les deux cellules royales que les abeilles avaient formées dans le petit gâteau allaient être fermées.

Le vendredi 21 juin, la reine était sortie de la cellule que j'avais donnée le 19.

Les abeilles avaient démoli l'une des cellules royales que j'avais remarquées deux jours auparavant, j'ai détruit l'autre.

Enfin, le mardi 16 juillet, j'ai visité la ruche ; elle avait du couvain, et par conséquent la cellule royale que je lui avais donnée le 19 juin avait fourni une reine, et cette reine avait été acceptée.

145. — *Reines fécondées et non fécondées, leur instinct.*

Une reine fécondée placée sous verre avec des ouvrières de sa famille s'y tient tranquille, elle paraît heureuse des hommages qu'on lui rend ; les ouvrières également ne semblent pas souffrir de leur prison. Placées en toute liberté sur une tablette de croisée, par exemple, la reine et les ouvrières peuvent y rester huit jours dans le repos le plus absolu, pourvu qu'elles aient du miel en cellules pour vivre.

Des ouvrières placées sous verre depuis quelques heures seulement recevront assez mal une reine étrangère fécondée, mais bientôt elles auront autant d'affection pour elle que pour leur propre reine.

Une jeune reine non fécondée qu'on retient captive avec des ouvrières, est presque toujours en mouvement, elle sent sa prison, elle veut en sortir ; les ouvrières sont tout-à-fait indifférentes pour elle. Tout le monde s'ennuie, tout le monde voudrait jouir de la liberté.

Il est difficile de conserver longtemps des abeilles emprisonnées avec une reine non fécondée, elles s'engluent de miel et périssent bientôt.

146. — *Piége à bourdons.*

Est-il avantageux de détruire les bourdons avant que les abeilles se chargent de le faire? Cette question n'est point encore résolue par les apiculteurs, elle mérite néanmoins d'attirer leur attention. Je pense qu'on obtiendrait des résultats satisfaisants, si l'on détruisait les bourdons d'une ruche quelques jours après qu'elle aurait essaimé. Il faudrait retrancher aussi les gâteaux à couvain de bourdons, il en resterait toujours assez, soit dans la ruche même, soit dans les autres ruches, pour opérer la fécondation des reines à naître.

Afin d'épargner du temps et des frais d'imagination aux apiculteurs qui voudront étudier cette question, je vais décrire un piége qu'ils pourront utiliser pour détruire les bourdons.

Dispositions préparatoires. Ayez une hausse en bois de six centimètres seulement de hauteur, couvrez-la entièrement d'une planche mince, au centre de celle-ci pratiquez une ouverture de 15 centimètres en tous sens, sur cette ouverture, adaptez une toile métallique dont les mailles aient 5 millimètres un quart d'ouverture, de manière que les mouches, mais non les bourdons puissent y passer. (Figure 1). Sur cette hausse ainsi disposée, placez la ruché dont vous voulez détruire les bourdons, en adaptant à son entrée le petit appareil suivant. (Fig. 2).

Prenez une petite planchette longue de 73 millimètres,

large de 16, épaisse de 8 ; pointez à ses deux extrémités deux liteaux de 5 millimètres un quart d'équarrissage. Sa longueur entre les deux liteaux sera donc de 63 millimètres. Divisez le dessous de ce petit banc en trois parties égales de 21 millimètres, enlevez de la partie du milieu une épaisseur d'un millimètre et demi ; ajustez cette sorte de petit banc devant l'entrée de la ruche, de manière que rien ne puisse passer que par-dessous. Cinq millimètres un quart de hauteur suffisent pour le passage des mouches et même de la reine, elles passeront indifféremment sous les trois divisions. Mais les bourdons ne pourront passer que sous celle du milieu. C'est ici la clef du piége ou appareil.

La voici : Prenez trois feuilles ou lamelles de plomb ou de cuivre longues de 15 à 16 millimètres, larges de 7 et épaisses de 1 ; enroulez un de leurs bouts autour d'un fil de fer ou aiguille, de manière à en former comme une triple charnière ou trappe. Suspendez cette triple charnière devant la division du milieu, à une hauteur telle que le bas des trois petites trappes se porte un peu en avant, et ne descende pas plus bas que le dessus des deux autres divisions.

Les bourdons venant de l'intérieur soulèvent facilement cette barrière à cause de son inclinaison en dehors. Mais elle les arrête impitoyablement à la rentrée. Alors cherchant un autre passage, ils pénètrent dans la hausse que l'on a mise au-dessous. Mais là encore la toile métallique les arrête ; quoiqu'elle aussi laisse passer les mouches qui peuvent les avoir accompagnés. Dès lors ils vont, viennent, rentrent, ressortent ; enfin s'entassent et restent dans cette hausse.

Vers quatre ou cinq heures du soir, on ferme l'entrée de la hausse qu'on enlève avec son plateau pour la mettre à quelque distance de la ruche. Les mouches qui se trouvent prisonnières avec les bourdons sortent par les mailles de la toile métallique ; mais les bourdons ne pouvant y passer à cause de leur grosseur, on les laisse périr d'inanition, ou plutôt on les assoupit avec de la fumée de salpêtre (149), et on les tue.

La hausse ne doit être placée sous la ruche que vers l'heure de midi, c'est le moment où les bourdons commencent leur promenade aérienne. Il faut la retirer au plus tard à cinq heures du soir, afin de laisser aux abeilles ouvrières le temps de retourner à la ruche. Elles sont lentes à sortir. Celles qui ne rejoignent pas la famille avant le coucher du soleil sont exposées à périr, et si le lendemain matin on les trouve encore vivantes, elles sont sans force, il faut alors les ranimer avec du miel.

Il y aurait des inconvénients à mettre des hausses qui auraient trop de hauteur. Les bourdons n'y resteraient pas, ils iraient se loger dans d'autres ruches qui ne seraient pas armées de trappes.

Avec cet appareil, j'ai détruit de grandes quantités de bourdons dans l'espace de quatre heures.

Comme le tissu de la toile métallique n'est pas toujours régulier ; et que d'un autre côté, il est difficile d'en trouver de la dimension convenable, je me sers de tôle percée en rape ; les trous étant trop petits, je les agrandis avec l'équarrissoir et leur donne un diamètre de cinq millimètres et demi. On obtient ainsi une régularité parfaite.

Tous les moulins emploient de ces tôles en râpes pour le nettoyage des grains. Comme elles s'usent rapidement, elles sont bientôt mises au rebut. Il est alors facile de les acquérir à bas prix.

147. — *Machine à fumée ou fumoir* (Fig. 5).

La fumée joue un trop grand rôle dans la conduite des abeilles pour ne pas lui consacrer quelques lignes. Nous parlerons d'abord de la machine qui la produit, et nous l'appellerons fumoir. Nous parlerons ensuite de l'action de la fumée sur les abeilles.

Le fumoir est une boîte ronde en tôle ayant 15 centimètres de longueur et 9 ou 10 de diamètre. L'un des bouts est fermé par un entonnoir renversé dont le tuyau conique ne doit avoir que 6 centimètres de longueur, et 7 millimètres seulement de diamètre à l'extrémité. Ce petit tuyau est destiné à la sortie de la fumée. L'autre bout de la boîte est fermé par une forte plaque de même métal. Au milieu de cette plaque est attaché par des clous rivés, un tuyau de 7 centimètres de longueur, sur un diamètre uniforme de 11 à 12 millimètres. Ce tuyau forme douille, on y fait entrer le tuyau d'un petit soufflet de cheminée. Pour la solidité on fera bien d'adapter au soufflet un tuyau d'un diamètre uniforme, de manière qu'en l'introduisant dans le tuyau du fumoir, il le remplisse dans toute la longueur.

Sur le flanc de la boîte on pratique une ouverture longue de 6 centimètres, large de 5, une porte jouant dans des coulisses l'ouvre et la ferme. Cette ouverture sert à mettre les chiffons et le feu. Le jeu du soufflet avive le feu des chiffons et pousse la fumée par le petit tuyau de l'autre extrémité.

Le seul inconvénient du fumoir, c'est que le feu s'éteint quelques minutes après qu'on a cessé de souffler. Pour y obvier, on ouvre la porte pendant les courts intervalles où l'on n'enfume pas.

Depuis quelques années, j'ai renoncé à la tôle, j'ai reconnu qu'il était préférable de faire ces boîtes avec des plaques de cuivre qui ne s'oxide pas. La boîte telle que je viens de la décrire, doit peser, si elle est toute en cuivre, quatre hectogrammes et me coûte 3 francs 25 centimes. J'indique le poids afin que l'ouvrier puisse prendre des plaques d'une épaisseur convenable.

148. — *Du bruissement.*

Si on souffle de la fumée sur une abeille, son premier mouvement c'est d'agiter les ailes pour éloigner la fumée qui l'incommode : cette agitation des ailes s'appelle bruissement. Si on souffle cette fumée dans l'intérieur d'une ruche, le même effet se produit sur la plupart des mouches qu'elle contient : c'est aussi ce qu'on appelle mettre la ruche en bruissement. En été, à l'entrée des ruches, on voit toujours des abeilles cramponnées par derrière et par devant, la tête baissée, l'abdomen relevé, et dans cette position agiter vivement les ailes : ce bruissement a un sens bien différent des autres, car c'est un signe de bien-être, c'est encore un moyen pour renouveler l'air de la ruche. Une abeille égarée qui retrouve sa famille, bruit de joie. Lorsqu'un essaim se rassemble dans une ruche, des masses d'abeilles battent des ailes : Le bruissement dans cette circonstance est un signe de rappel. Des abeilles que l'on sépare de leur reine et que l'on renferme prisonnières dans une ruche, font bientôt entendre un fort bourdonnement qui se renouvellera peut-être de demi-heure en demi-heure : c'est ici un cri de douleur et de détresse.

Jamais le bruissement n'est un signe de colère : ainsi la réunion de deux populations en état de bruissement se fera toujours sans combat, si, après la réunion, vous maintenez cet état pendant une demi-heure. Le bourdonnement dans l'intérieur de la ruche est d'autant plus fort que le bruissement est plus complet.

Avec de la fumée on réussit toujours à mettre les abeilles en état de bruissement. Avec le fumoir il ne faut ordinairement que quelques minutes pour le produire, quelquefois il faut un quart d'heure et plus; mais quand il est bien établi, quelques bouffées de fumée envoyées de cinq minutes en cinq minutes le maintiennent facilement.

Dans les réunions de ruches, le fumoir est presque indispensable, parce qu'il faut beaucoup de fumée et que le fumoir la produit abondante et sans effort.

Pour enfumer les abeilles on se sert généralement d'un rouleau composé de chiffons et ayant la forme et le volume d'un saucisson; on allume un bout et on souffle dans la direction des abeilles; mais ce rouleau ne fait pas en dix minutes la besogne que le fumoir fait en trois. Aussi, s'il est très-pénible d'opérer des réunions avec le rouleau de chiffons, ces opérations ne sont plus qu'un amusement avec le fumoir. Quand je suis armé de cet instrument, je me crois assez fort contre les abeilles pour me passer de masque.

Il faut se servir du fumoir avec mesure. On commence par une fumée modérée et ensuite on augmente par degrés. Si on introduit brusquement une fumée trop épaisse, les abeilles en sont tellement affectées, tellement aveuglées, qu'elles tombent sur le plateau ou qu'elles restent comme asphyxiées entre les gâteaux de leur ruche.

149. — *Assoupissement des abeilles.*

« La méthode suivante pour engourdir les abeilles est due à M. Debeauvoys. Elle consiste à faire brûler de l'étoupe imprégnée d'une certaine quantité de sel de nitre ou azotate de potasse. La filasse est placée dans un fumoir, dont l'une

des extrémités pénètre dans la ruche, où l'on dirige la
fumée à l'aide d'un soufflet. Dès le début de l'opération,
les abeilles font entendre un fort bruissement, qui va en
s'affaiblissant et bientôt cesse complètement. Toutes les
mouches sont alors tombées au fond de la ruche. A peine
quelques mouvements presque imperceptibles indiquent-ils
que la vie ne les a point complètement abandonnées. La durée de leur assoupissement est d'une demi-heure environ. »

Au lieu d'étoupe, j'aime mieux placer dans le fumoir
(147) des chiffons de lin ou de chanvre. Voici la préparation. Après avoir saturé de salpêtre un demi-verre d'eau,
on y trempe la quantité de chiffons que l'eau peut imbiber,
on les fait ensuite sécher.

Pour réussir à bien opérer l'assoupissement, on devra
mettre une hausse sous la ruche et calfeutrer le joint. Les
abeilles tomberont dans la hausse et on en disposera à
volonté.

Observation. Ce moyen très-facile d'assoupir les abeilles
est nouveau. Je n'en ai fait usage qu'à titre d'essai, et je ne
suis pas encore bien fixé sur les avantages qu'on peut en
retirer. Cependant je me propose de l'employer (toujours à
titre d'essai) dans deux circonstances : d'abord, pour la
formation des essaims artificiels par transvasement (62) ;
ensuite, pour assoupir les abeilles de certaines ruches
qui ne valent ni la peine, ni les honneurs d'une réunion (21 et 93).

150. — *Remèdes contre les piqûres d'abeilles.*

Aussitôt après la piqûre, il faut se hâter de retirer l'aiguillon qui y est resté; et comme c'est la petite goutte vé-
néneuse lancée par les abeilles qui cause la douleur et
l'enflure, il faut presser les chairs autour des piqûres pour

en faire sortir le venin, laver les plaies avec de l'eau froide, ou y appliquer un peu de chaux vive délayée, ou mieux, de l'alcali volatil ; mais comme ces deux remèdes sont d'une certaine causticité, il faut en user avec précaution, et ne les appliquer sur les plaies qu'avec un fétu de paille, dont on pose l'extrémité sur ces plaies, ce qui opère dans l'instant. On obtient le même résultat en lavant les piqûres avec de l'eau vinaigrée. Ce remède est plus facile à se procurer et à employer, mais ses effets sont moins prompts.

Quand les piqûres sont nombreuses, le premier soin, c'est de retirer les aiguillons, de recourir à l'eau froide, y mettre les mains, se couvrir le visage et la tête de linges mouillés ; comme les piqûres sont brûlantes, l'eau froide atténue aussitôt les douleurs et l'enflure. Si l'on a des baies de chèvre-feuille fraîches, et qu'on en exprime le jus sur une piqûre, la douleur cesse aussitôt et si l'inflammation était déjà formée, elle ne tarderait pas à disparaître.

Des feuilles de persil qu'on écrase en les frottant sur la plaie, sont aussi très-efficaces.

Le miel et l'huile s'emploient du moins comme liniments.

N'ayant jamais fait usage de ces remèdes, je les donne comme je les ai reçus, c'est-à-dire sans garantie. En ce qui me concerne je me contente d'arracher à l'instant même le dard de la plaie.

151. — *Précautions contre les piqûres d'abeilles.*

En passant devant un rucher pour voir de près chaque panier, évitez de porter le souffle de votre respiration vers l'entrée des ruches, car cela irriterait les mouches.

Quand vous voudrez avoir le plaisir d'examiner leur travail, approchez-vous, mais ne vous tenez pas en face des ruches, et ne bougez pas.

Si quelques abeilles menacent de vous attaquer en volant avec vivacité autour de vous, il faut gagner l'ombre, doucement, sans gesticuler, et leur laisser quelques minutes pour s'apaiser. Les mouvements brusques des bras et de la tête pour les repousser, ne font que les exciter davantage. Voilà les précautions à prendre quand on ne touche pas aux ruches. Si vous avez à y travailler, ne le faites ni le matin avant leur sortie, ni le soir après leur rentrée des champs, ni par les temps pluvieux ou orageux : en un mot, quand la population se trouve à peu près toute réunie, car, dans ce cas, si on tente d'y toucher, il est toujours difficile de les maîtriser ; ce n'est qu'avec force fumée qu'on en vient à bout. Enfin quand les bourdons sont tués et que la campagne ne fournit plus de miel, les abeilles sont très-irritables ; on ne peut prévenir leur colère qu'avec une fumée abondante, dans quelque moment de la journée qu'on opère.

Si vous ne visitez vos ruches que par une belle journée, lorsque les abeilles sont en plein travail, quelques bouffées de fumée, lancées avant et après le déplacement, suffiront pour les calmer ; vous n'aurez plus besoin de tant vous précautionner contre les piqûres ; les abeilles seront tout-à-fait inoffensives ; vous pourrez même, à la rigueur, vous passer de masque. Pour mon propre compte, je ne m'en sers jamais dans ces circonstances, non plus que quand il s'agit de recueillir un essaim ; la fumée est mon seul préservatif et je suis rarement piqué.

152. — *Achat de mouches à miel.*

Une personne qui voudra faire l'acquisition de mouches à miel aura égard aux prescriptions suivantes.

N'achetez jamais d'essaim dans le temps de l'essaimage ;

c'est un marché aléatoire où l'acheteur est plus souvent dupe que le vendeur. Attendez que les abeilles aient terminé leur récolte, ce qui arrive dans nos contrées, en juillet et en août. Exigez la faculté de choisir dans le rucher, ou du moins dans un des étages, et cela avant que le propriétaire ait récolté le miel de ses ruches. Choisissez de préférence les essaims de l'année, ceux même qui pèseraient un kilogramme de moins que les ruches anciennes. Pour celles-ci, comme il est très-difficile de connaître leur âge, vous prendrez tout bonnement les plus lourdes et les mieux peuplées. Chaque panier devra avoir huit kilogrammes de miel. Ce n'est pas trop pour aller sûrement jusqu'au mois de mai. Voilà la règle à suivre si on achète en juillet et en août.

Mais il vaut mieux n'acheter qu'au printemps, on n'a pas les risques de l'hiver à courir, on peut même à cette époque donner un ou deux francs de plus qu'en août.

Trois kilogrammes de miel dans les premiers jours de mars, et deux seulement dans les premiers jours d'avril seront nécessaires à chaque ruche (12); la condition la plus importante pour un bon panier, c'est une forte population. Plusieurs moyens vous feront distinguer cette qualité.

Premier moyen. Fin de mars ou commencement d'avril, choisissez une belle journée, un beau soleil, donnez un coup d'œil sur les ruches, remarquez celles qui montrent le plus d'activité et mettez-y le temps, car c'est pendant des heures entières qu'il faut examiner leur travail. Les paniers dont les abeilles sortent et rentrent constamment en plus grand nombre sont, à n'en pas douter, les mieux peuplés. Cependant un essaim qui travaille un peu moins qu'une ruche ancienne ne doit pas être dédaigné.

Deuxième moyen. Vers le coucher du soleil ou dans la

matinée, soulevez doucement chaque panier ; dans les uns, les abeilles descendent jusque sur le plateau et occupent tous les gâteaux ; dans les autres, elles n'en occupent qu'une partie ; les premiers sont certainement plus peuplés que les seconds.

Troisième moyen. Fixez l'oreille contre les ruches ; frappez quelques coups du bout des doigts, les fortes populations vous répondront par un son plus sourd et plus prolongé que les autres.

155. — *Transport des ruches.*

Quand il ne fait pas trop chaud, les ruches peuvent être transportées sur des voitures. Septembre et octobre, ou bien mars et avril sont les deux époques les plus convenables. Les dispositions pour l'enlèvement d'une ruche ne seront faites que dans un moment de la journée où toute la population sera rentrée. D'abord on enfume légèrement la ruche, ensuite on la détache de son plateau et on la tient soulevée avec une petite cale ; on enfume de nouveau pour faire monter les abeilles qui se trouvent sur le plateau, et puis, la ruche est posée sur un tablier de cuisine que l'on serre tout autour avec une ficelle. On met dans le fond de la voiture un lit de paille sur lequel sont étendues deux lattes parallèles. La ruche se place sur ces lattes dans sa position naturelle. Une forte ficelle attachée aux échelles la tient fixée et immobile ; avec ces précautions et sur un chemin uni on peut aller au petit trot du cheval.

Arrivée à sa destination la ruche est remise sur son plateau avec une petite cale qui la tiendra un peu soulevée et lui donnera de l'air, enfumez alors par-dessous le tablier qui l'enveloppe, desserrez et enlevez-le. Mais s'il y a un certain nombre d'abeilles répandues sur le tablier, attendez qu'elles soient montées. La fumée employée à propos dans cette circonstance aidera merveilleusement à faire pour le mieux.

154. — *Manipulation du miel.*

Autant que possible manipulez le miel aussitôt après son extraction de la ruche ; comme il est chaud, il se séparera mieux du marc.

Sur une grande terrine vernissée, établissez une claie circulaire, faite de liens d'osier entrelacés, ou de petites tringles rondes en fer. Ce n'est pas trop qu'un écartement de 5 millimètres entre les liens ou les tringles. Broyez et pressez les rayons de miel. Le marc qui reste entre vos mains est placé aux extrémités de la claie. Le tout s'égoutte lentement. De nombreuses parcelles de cire passent aussi avec le miel, mais quelques heures avant que de vider la terrine, enlevez ces parcelles pour les rejeter sur la claie, le miel qui s'y trouve mélangé filtre bientôt à travers le marc.

Pour retirer des marcs le miel qui reste, quelques personnes emploient le pressoir; la chaleur du four me semble préférable.

Trois ou quatre heures après avoir défourné le pain, on introduit dans le four la terrine vide et la claie avec ses marcs; quand la chaleur est assez grande pour fondre la cire, tout le miel s'égoutte, mais il est moins beau et moins avantageux pour la vente.

La couche de cire plus ou moins épaisse qui peut se trouver par-dessus le miel n'est pas toute la cire que contiennent les marcs, il faut donc les conserver pour les passer plus tard sous le pressoir.

Les portions de gâteaux qui renferment du pollen et ceux

encore, où le miel est grenu ou figé, seront mis à part et réservés pour les mettre au four avec les marcs dont nous venons de parler.

155. — *Cire qu'on peut retirer d'une ruche.*

Prenons pour exemple une petite ruche à deux hausses ayant 33 centimètres de diamètre sur 22 de hauteur, et jaugeant par conséquent dix-huit litres sept dixièmes de litre.

Cette ruche renfermera environ 43 décimètres carrés de gâteaux.

Un décimètre carré de gâteau à petites cellules, blanc et n'ayant pas encore servi de berceau aux abeilles, pèse 11 grammes.

C'est donc 473 grammes que pèserait la totalité des gâteaux de cette ruche, s'ils étaient blancs et purs de tous corps étrangers.

Ces gâteaux blancs rendent à la fonte presque tout leur poids en cire pure. Quand ils sont vieux, quoique deux et trois fois plus lourds, ils ne rendent pas davantage. Donc la cire pure qu'on peut retirer d'une telle ruche ne doit pas dépasser 450 grammes. Prenant notre ruche pour terme de comparaison et connaissant la capacité de celle qu'on emploie, on saura très-approximativement la quantité de cire qu'on peut en retirer.

156. — *Fonte de la cire.*

Remplissez d'eau, aux deux tiers, une grande chaudière; à mesure que l'eau s'échauffe, versez-y la cire brute, répandez et remuez avec un bâton; lorsque le tout est bien délayé, bien fondu et à l'état d'ébullition, videz dans le sac que vous avez préparé dans la caisse du pressoir. Il faut toujours proportionner la masse à pressurer avec le diamètre de la caisse, et faire en sorte qu'après la pression, le pain de marc n'ait pas une épaisseur de plus de 5 à 6 centimètres. Avec un peu de pratique on saura bientôt établir la proportion. Le premier marc renferme encore de la cire, il faut le remettre dans la chaudière, le détremper dans de l'eau bouillante et le passer une seconde fois sous le pressoir. La cire pour son extraction complète exige une forte pression. Aussi, remarquez ce qui se passe pour ce second marc, c'est l'eau qui coule d'abord, la cire ne s'échappe ensuite que sous les efforts d'une pression plus considérable.

La cire que nous venons d'extraire n'est point encore épurée, faisons-la fondre dans une quantité suffisante d'eau, écumons et laissons refroidir le tout dans la chaudière. Après le refroidissement, il ne reste plus qu'à retirer le pain de cire et à racler le sédiment boueux qui s'est formé par le dessous.

La cire en ébullition monte et extravase comme le lait; ne quittez donc pas la chaudière; ayez toujours un peu d'eau sous la main pour en verser au besoin et prévenir tout accident.

157. — *Pressoir*. (Fig. 4).

Deux semelles ou socles de chêne longs de 1 mètre sur 10 centimètres d'équarrissage (A-A). Sur le milieu de chaque socle, et dans une mortaise peu profonde, s'élève un montant de 10 centimètres d'équarrissage et haut de 90 (B-B).

Ces deux montants sont couronnés d'une traverse de 80 centimètres de longueur sur 18 ou 20 d'équarrissage, elle se relie aux montants au moyen de mortaises peu profondes (C). Dans le milieu de cette traverse, est pratiqué un trou vertical où s'adapte l'écrou, lequel, pour plus de solidité, est brasé à une rondelle de fer épaisse de 12 à 14 millimètres qui est fixée par-dessous la traverse (D). Dans cet écrou se meut une vis en fer ayant 6 centimètres de diamètre, et 5 millimètres de pas, et portant un pommeau percé d'un trou horizontal de 25 millimètres dans lequel on introduit le levier de force qui doit avoir environ 1 mètre 80 de long. Le levier sera de frêne ou d'orme, excepté le bout qui pénètre dans le pommeau, lequel bout sera de fer sur une longueur de 10 centimètres, se rattachant à la hampe par une douille longue de 20 centimètres.

La pression de haut en bas tendant à arracher la traverse supérieure des montants qui la supportent, et ceux-ci, de leurs socles, il faut donner à cet assemblage une grande force d'union et de résistance. Pour cela, deux bandes de fer large de 6 centimètres, épaisses de 8 millimètres, s'adaptent à cheval sur les extrémités de cette traverse, et descendant le long des montants, s'arrondissent vers le bas, en forme de boulons pour percer les socles au-dessous desquelles elles se fixent et tendent au moyen d'écrous (E-E). Dès lors, aucun écartement vertical ne pourrait avoir lieu, sans briser les brides ou étriers de fer, ce qu'on peut regarder comme impossible.

Sur les socles et contre les bandes de fer on place deux traverses longues de 80 centimètres, larges de 24, épaisses de 5 ou 6, on les relie aux bandes et aux montants par deux boulons qui, traversant ces bandes et ces montants, les serrent au moyen d'écrous (F-F). Les deux traverses sont destinées à supporter le plateau où l'on dépose les objets à pressurer; elles sont également nécessaires pour empêcher l'écartement des semelles.

L'ensemble de l'appareil se fixe au pavé par des broches

en fer, que l'on insinue dans des trous percés à cet effet aux bouts des socles, et auxquels correspondent des trous semblables dans le pavé (G-G). Ces broches sont mobiles, afin qu'on puisse enlever le pressoir dès qu'on n'en a plus besoin. Malgré cela leur solidité est telle, qu'on n'a nullement besoin d'appuyer le pressoir contre un mur. On peut donc, si le local est assez grand, établir ce pressoir au milieu afin de pouvoir tourner à l'entour et travailler sans reprises, ce qui facilite et accélère le travail.

Pour opérer, on commence par couvrir le plateau d'une couche de tringles rondes en fer ayant 1 centimètre de diamètre. Sur ces tringles on pose une forte toile métallique (fig. 5), et par-dessus cette toile on établit une caisse sans fond. Celle-ci peut être en bois, fortement cerclée, ou mieux en tôle de 5 millimètres d'épaisseur, sur 30 de hauteur et 35 ou 40 de diamètre. Elle sera percée de petits trous de 1 centimètre sur toute sa circonférence inférieure, car il est inutile de la percer par le haut.

L'essentiel pour bien pressurer, c'est d'avoir des sacs assez solides pour résister à la pression. Il faut un tissu à claire-voie, fait avec de la ficelle composée de six fils de bon chanvre. Je dis un tissu à claire-voie, parce que, gonflé par la matière bouillante, ce tissu se trouvera encore suffisamment serré pour retenir le marc.

Afin de ménager le sac et de l'empêcher de soulever la caisse, on fera bien de mettre au fond de celle-ci un lit très-mince de paille ou d'étoupe.

Les tringles et la toile métallique placées sous la caisse tenant le fond du sac à distance du plateau, l'eau et la cire s'écoulent par leurs interstices.

A mesure que le liquide s'échappe, le sac tend à s'interposer entre les parois de la caisse et la planche de chêne

9

qui le recouvre. On pare à cet inconvénient en ajustant sur le sac une corde grosse de 15 à 20 millimètres qui contourne la circonférence intérieure de la caisse.

Le pressoir que je viens de décrire me sert à pressurer non seulement de la cire, mais encore du raisin. La caisse à mettre le raisin, sans être plus haute, doit avoir un diamètre plus grand que celle à contenir la cire.

158. — *Rucher, son exposition.*

Le rucher est un petit bâtiment dans lequel on place des mouches à miel. Un rucher n'est pas absolument nécessaire pour le succès de l'éducation des abeilles. On peut laisser les ruches en plein air ; mais dans ce cas, il faut un mur ou une haie qui les abrite du côté du nord ; il faut aussi qu'elles soient préservées, par de bons surtouts, de la pluie et de la trop grande ardeur du soleil.

Cependant un rucher est très-utile : il permet de gouverner les abeilles avec plus de facilité, de les visiter sans occasionner de dérangement. Des ruches à couvert sont plus en sûreté, elles exigent moins de soins et d'attention que celles qui sont en plein air et exposées aux intempéries et aux vicissitudes des saisons. Enfin, il y a certaines circonstances de localité où un rucher peut être construit avec moins de dépense qu'il n'en faudrait pour des surtouts et autres accessoires qu'on est obligé de renouveler souvent.

La disposition du rucher n'est pas chose indifférente pour la bonne administration des abeilles. Tel rucher, dont la distribution permettra de placer et de réunir deux ruches l'une sur l'autre (86), aura certainement plus de chances de succès que tel autre où les réunions ne pourront avoir lieu faute d'espace (95). Le rucher devra donc être construit à deux étages seulement. Le premier sera à 20 cen-

timètres au-dessus du sol, le second, à 95 centimètres
au-dessus du premier, et à égale distance de la toiture.
Ainsi la partie de la toiture placée perpendiculairement
au-dessus des ruches, aura 2 mètres 10 centimètres au-
dessus du sol. Avec des étages ainsi distancés, on pourra,
dans les années favorables aux essaims, mettre provisoirement un rang de ruches, soit sur celles du premier
étage, soit sur celles du second.

A chaque étage, il y aura dans le sens de la longueur du
rucher, deux poutrelles de 10 centimètres d'équarrissage,
parallèles et distantes l'une de l'autre de 50 centimètres.
Ces poutrelles, devant servir de chantier pour supporter les
plateaux et les ruches, seront soutenues par des points
d'appui dans leur milieu.

Le rucher sera beaucoup plus commode, s'il a assez de
profondeur pour permettre de former derrière les ruches
une allée d'un mètre de large, qui donnera la facilité de
les visiter à toute heure, sans troubler les mouches et sans
en être inquiété.

Un rucher ayant 6 mètres de longueur intérieure pourra
loger facilement 12 paniers sur chacun de ses étages.

L'exposition du sud-est paraît être la meilleure, parce
qu'elle abrite mieux qu'aucune autre contre les pluies, les
orages et le soleil trop ardent. On peut également choisir
l'exposition du sud, mais à la condition de faire avancer un
peu plus la toiture. Celle du levant est trop froide, elle serait meurtrière en hiver et surtout au printemps. Autant
que possible placez votre rucher dans un lieu abrité de la
bise, par un coteau, des arbres ou un mur de quelques
mètres de hauteur. Le voisinage d'une grande étendue d'eau,
lac, étang ou rivière, surtout si les vents violents de la localité
portent habituellement du rucher vers ces eaux; le voisinage

d'une route, celui de maisons trop élevées, toutes ces circonstances peuvent nuire à la prospérité d'un rucher : en
effet, les abeilles peuvent être entraînées ou repoussées par
le vent au-dessus des eaux, où elles finissent par s'abattre
et périr ; le bruit et l'ébranlement d'une voiture les inquiètent ; des maisons hautes et rapprochées les gênent au départ et à l'arrivée.

Le sol qui est devant un rucher doit être uni et toujours
bien sarclé à une distance d'au moins un mètre ; car si une
abeille s'y abat par le vent ou par la fatigue, les moindres
herbages pourraient l'empêcher de se relever. Il faut éviter
aussi de planter trop près sur le devant, des buissons, des
fleurs ou des légumes à hautes tiges, qui gêneraient le vol
des abeilles, et surtout celui des reines quand elles sortent,
soit pour conduire un essaim, soit pour être fécondées.

159. — *Construction économique d'un rucher.*

Le rucher se fait en forme d'appentis (bâtiment qui n'a
de pente que d'un côté). Voici un mode de construction
très-économique. Lorsqu'on peut établir un rucher contre
un bâtiment et dans une bonne exposition, on commence
par faire dans le mur, des trous distants de 60 centimètres
les uns des autres à la hauteur de 2 mètres 50 centimètres
environ ; on enfonce dans la terre, à 17 décimètres en
avant du mur, deux poteaux en chêne ; une sablière ou
poutre de toute la longueur du rucher est attachée sur la
hauteur des poteaux par des mortaises ; des chevrons de
traverse entrent par un bout dans les trous du mur, l'autre
bout est appuyé par devant sur la sablière ; on établit sur
ces chevrons, un toit en chaume ou en tuiles ; les côtés
seront fermés par un grossier clayonnage qu'on enduira
d'un torchis d'argile, ou qu'on revêtira de mousse.

Un mur de jardin peut très-bien convenir pour appuyer un rucher. La toiture aura sa pente par derrière ou par devant, selon la hauteur du mur ou la disposition des lieux. Mais si la gouttière se trouve par derrière, la toiture devra déborder beaucoup plus sur le devant, afin de mettre les ruches mieux à l'abri de la pluie, et de la trop grande ardeur du soleil.

160. — *Ruches et leur forme différente.*

Il existe trois formes de ruches en usage dans le Nord et dans l'Est de la France. La ruche commune, celle à hausses, et enfin la ruche à calotte appelée aussi *Lombarde* du nom de son inventeur Lombard. L'homme de la campagne préfère la ruche commune, il la trouve simple et commode, soit pour recueillir les essaims, soit pour récolter le miel à sa façon. La ruche à calotte séduit les gens qui ne recherchent dans la culture des abeilles, qu'un beau rayon de miel à montrer aux curieux, ou à présenter sur une table : c'est la ruche de la haute bourgeoisie. La ruche à hausses dédaignée par les uns, méconnue par les autres, s'est réfugiée chez le véritable amateur d'abeilles. Elle lui a dit : Tu connais mes qualités, fais-en ton profit. Moi seule j'ai le secret de renouveler et de mettre à neuf les appartements des abeilles; je sais mieux que mes rivales prolonger l'existence d'un rucher; je puis encore présenter un miel aussi beau, aussi blanc que possible. Je ne demande qu'à être connue.

161. — *Ruche commune.*

La ruche commune est faite le plus ordinairement avec de la paille, quelquefois avec de l'osier ou du troëne. Elle a la forme d'un cône ou d'une cloche, et son diamètre est

plus ou moins resserré vers le milieu. Cette forme est tout-
à-fait abandonnée par tout ce qui n'est pas routinier. Avec
cette ruche le renouvellement total de la cire est presque
impossible et la formation des essaims artificiels très-
limitée. On ne peut en proportionner la capacité, à l'abondance de la récolte ou à la force de la population. Enfin,
elle est incommode, lorsqu'il s'agit d'associer en automne
deux populations faibles; et cependant, dans les années
mauvaises, les réunions peuvent seules maintenir un rucher
dans un état satisfaisant (92).

Les personnes qui voudront conserver cette ruche malgré ses inconvénients, feront bien d'exiger que l'ouvrier
donne à toutes le même diamètre par le bas, et une capacité de 20 à 22 litres. Mais cette mesure étant souvent insuffisante, je voudrais avoir des hausses de 8 à 10 litres àfin
de pouvoir, suivant les circonstances, augmenter ou diminuer la capacité de la ruche.

Dans les bonnes années une ruche augmentée d'une
hausse ne suffira même pas pour emmagasiner la récolte
d'une forte population. Ces bonnes années sont rares, je
l'avoue, mais cependant quand la Providence nous les envoie, il faut en profiter. Telle année, j'ai vu beaucoup de
mes ruches atteindre le poids de 25 à 30 kilogrammes,
tandis que les ruches communes n'allaient qu'à 22 ou 23 au
plus, et cela par la raison toute simple qu'elles étaient trop
petites pour l'année. Quand la ruche est insuffisante, je le
sais, les abeilles bâtissent quelquefois en dessous du plateau;
lorsque pareille chose arrive, soyez sûr que vous perdez
beaucoup de miel par votre négligence, faute d'avoir augmenté, par des hausses, la capacité des ruches.

Observation. Une explication de ma part vient tout
naturellement se placer ici. Dans ce livre, je donne évi-

demment la préférence à la ruche à hausses ; mais je n'ai pas oublié la ruche commune, car, excepté quelques articles uniquement applicables à la première ruche, tous les autres peuvent être consultés par les amis de la seconde.

162. — *Ruche à calotte.*

La ruche lombarde ou à calotte, est composée de deux parties bien distinctes. La première, semblable à une grande hausse de 25 à 30 centimètres de hauteur, se nomme le corps de la ruche ; elle est fermée par un couvercle plat, percé de plusieurs trous pour servir de communication entre le corps de la ruche et la calotte, celle-ci est une toute petite ruche en forme de cloche de la capacité de 8 à 10 litres ; elle est placée par-dessus le couvercle. Lorsqu'elle se trouve pleine de miel, que de son côté le corps de la ruche en contient assez pour nourrir les abeilles pendant l'hiver, on enlève la calotte pleine et on la remplace par une vide. On obtient ainsi du très-beau miel.

Je ne m'occuperai pas spécialement de cette ruche, qui est loin d'offrir tous les avantages de la ruche à hausses. Elle est abandonnée par tous ceux qui ont expérimenté les deux.

163. — *Ruche à hausses.*

La ruche à hausses, en bois, est composée de plusieurs cadres posés les uns sur les autres. Une couverture plate de même matière les ferme par le haut. Il n'y a pas de séparation entre les cadres, c'est tout simplement une ruche carrée où l'on place des baguettes pour servir d'appui aux gâteaux, comme dans les ruches communes. Tous les cadres doivent avoir la même dimension. Si je me servais de cette ruche, chaque cadre aurait intérieurement 9 ou 10

centimètres de hauteur sur 30 de largeur et de longueur.
On maintient les cadres au moyen de pitons et de crochets.

La ruche à hausses, en paille, est composée de plusieurs
cercles superposés, ayant chacun 10 ou 11 centimètres de
hauteur et 33 de diamètre. Un couvercle plat, également en
paille, recouvre le cercle, ou hausse supérieure. Il n'y a
aucune séparation entre les hausses. La ruche à trois
hausses jauge 27 litres environ, c'est suffisant dans la plupart des cas. Celle à deux hausses suffit même pour loger
un bon essaim ordinaire. Autrefois, chaque hausse avait un
couvercle percé de trous pour communiquer de l'une à
l'autre. Une telle disposition faisait de cette ruche la plus
vicieuse de toutes. Elle était très-nuisible aux abeilles pendant l'hiver : souvent le froid ne leur permettait pas de
franchir l'intervalle que chaque couvercle établissait entre
les gâteaux, et lorsque le miel d'en bas était épuisé, les
mouches périssaient de faim et de froid à côté de l'abondance. Je me sers de la ruche à hausses en paille.

164. — *Chapeau, sa forme, son usage.*

J'ai encore à mon usage une petite ruche composée seulement d'une hausse et d'un couvercle, en tout semblables
aux hausses et aux couvercles dont je viens de parler. Cette
petite ruche, je l'appelle *chapeau*. Elle fait office de calotte,
on la place sur les ruches, on y récolte un miel magnifique ; elle sert à renouveler les vieux paniers ou à former
des essaims artificiels. Enfin, elle est d'un grand usage
dans ma pratique. Ce chapeau peut devenir ruche en y
ajoutant une ou deux hausses, comme une ruche peut être
réduite à l'état de chapeau en ne lui laissant qu'une hausse.
Ainsi, toute la différence entre la ruche et le chapeau, c'est
que celui-ci n'est composé que d'une hausse et d'un cou-

vercle, tandis que la ruche est formée de deux hausses au moins et d'un couvercle.

165. — *Qualités de la ruche à hausses.*

Il m'est facile de justifier la préférence que j'accorde à la ruche à hausses. En effet, cette ruche est la seule qui puisse renouveler complètement les vieux édifices si nuisibles aux abeilles ; elle se prête le mieux à la formation des essaims artificiels ; seule, elle est d'un usage facile pour réunir, en automne, les paniers dont les provisions sont insuffisantes ; aidée de son chapeau, elle fournit un miel aussi pur et aussi beau que toute autre ruche ; enfin, à tous ces avantages, elle joint le bon marché. Le couvercle coûte 45 centimes, chaque hausse en coûte autant, en sorte qu'une ruche composée de deux hausses coûte 1 franc 55 centimes.

Le seul reproche qu'on ait fait à cette ruche, c'est qu'en hiver les vapeurs s'élevant du foyer des abeilles, se condensent au plafond pour retomber en gouttes d'eau sur les mouches. A ce reproche peu fondé nous opposerons deux faits que chacun pourra vérifier aisément.

D'abord, si pendant de grands froids, on soulève une ruche bien peuplée, on en voit les parois latérales tapissées de givre, tandis que le plafond en est exempt ; ensuite quelque attention que j'y misse, je n'ai jamais vu une mortalité plus grande dans les ruches plates que dans les ruches bombées. Il est vrai que souvent les populations faibles souffrent beaucoup en hiver, mais elles souffrent autant dans les ruches en cloches que dans les autres. La vétusté des gâteaux est presque toujours la véritable cause des accidents dont ces populations sont victimes.

9*

166. — *Détails importants sur les hausses.* (Fig. 8.)

Placez dans chaque hausse deux baguettes de la grosseur du doigt parallèlement et de façon à partager le diamètre en trois parties égales, fixez-les dans le cordon supérieur. Ces baguettes sont nécessaires pour soutenir et consolider tout l'édifice. Aussi gardez-vous bien de les oublier quand vous ajoutez une hausse vide à une ruche pleine ou à un chapeau ; et faites attention de placer la hausse de telle sorte que les baguettes croisent les gâteaux. Au moyen de cette petite précaution, vous pourrez séparer, par le fil de fer et sans accident, le couvercle d'avec la hausse supérieure (94) et celle-ci d'avec les suivantes (83).

Il ne faut pas mettre de baguettes dans les chapeaux destinés à recevoir le superflu des abeilles : on ne pourrait pas en retirer intacts ces beaux rayons de miel dont l'apiculteur est si fier (82).

Chaque hausse ne dépassera pas 11 centimètres en hauteur, sur 30 en diamètre intérieur, et cela pour deux raisons majeures : d'abord, des hausses de cette dimension donnent de 6 à 7 kilogrammes de miel net, c'est la récolte d'un bon panier dans une année ordinaire, encore faut-il qu'il n'ait pas essaimé ; ensuite si elles étaient plus hautes, on pourrait rarement retrancher la hausse du bas sans nuire au couvain (9). Je conseillerais d'en diminuer la hauteur plutôt que de l'augmenter.

On comprend que les hausses doivent avoir toutes, le même diamètre afin de pouvoir s'adapter les unes aux autres.

Mes ruches à deux hausses pèsent 2 kilogrammes 500 grammes. Les quatre cordons, qui forment la hauteur d'une hausse, ont chacun un diamètre de 26 à 27 millimètres. Je donne ces petits détails pour la gouverne des amateurs.

Un second cordon en paille devra reborder extérieurement le cordon supérieur de chaque hausse. Il servira d'appui au pourget, il aidera à lier le couvercle à la hausse supérieure et celle-ci à la suivante. L'assemblage du couvercle et des hausses se fera plus vite, si, au lieu de ficelle, on se sert de pointes de fer, longues de 8 centimètres. Trois pointes suffisent pour chaque assemblage. Les joints seront calfeutrés avec de la bouse fraiche. Ce pourget, sans le secours des pointes, peut à lui seul consolider la ruche, à la condition de ne pas la manier trop rudement.

Il est tout-à-fait inutile d'employer les pointes lorsqu'il s'agit seulement d'ajouter une hausse vide à une ruche pleine. Le pourget seul remplira le double office de ligature et d'enduit.

167. — Couvercle de la ruche à hausses.

Le couvercle qui ferme la ruche à hausses est tout simplement un cordon de paille roulé sur lui-même. Il doit recouvrir entièrement la hausse et le rebord extérieur ; il aura donc, en diamètre, environ 44 centimètres. L'ouvrier ménagera dans le centre une ouverture de 1 décimètre de diamètre, qu'on bouche soit avec une planchette, soit avec une plaque de tôle pointée dans les cordons, soit avec une petite pièce de flanelle ou de vieux drap également fixée avec de petites pointes.

On recommandera à l'ouvrier de faire le couvercle un peu bombé. Sous le poids du miel et du couvain, la convexité du couvercle aura bientôt disparu pour faire place à une surface plane.

168. — *Du pourget.*

On appelle *pourget* toute matière dont on se sert pour calfeutrer les ruches.

De la bouse seule ou mélangée d'un quart d'argile ou de cendre est le pourget le plus commun. Mais cette matière a l'inconvénient de se resserrer en séchant, et de laisser des interstices. Un mélange de trois parties de sable fin et d'une partie d'argile tamisée n'aurait pas cet inconvénient du retrait ; il boucherait parfaitement tous les trous et ne permettrait pas à la fausse-teigne d'introduire ses œufs dans les ruches.

De petites bandelettes d'un tissu quelconque, du coton en laine, de l'étoupe, tout cela est très-convenable pour bien calfeutrer les ruches, plus convenable peut-être que la matière dont nous avons parlé en premier lieu.

169. — *Le plateau.* (Fig. 6.)

Je prends pour le faire deux planches de 40 à 45 centimètres de largeur et autant de longueur ; je les assemble et les pointe à chaque bout sur deux lattes plus longues que le plateau, de 10 à 12 centimètres, de manière à le déborder d'autant sur le devant, je retranche en dessus, moitié de l'épaisseur des lattes, de A en B, je pointe en dessus, une planchette A′ B′ A′ B′, qui remplit l'échancrure des lattes, j'ai ainsi une banquette qui s'avance sous le plateau de 3 à 4 centimètres, et qui se nivelle en dessus avec le bas de la rampe d'entrée G G. La porte ou rampe d'entrée sera large de 7 centimètres, elle aura pour hauteur l'épaisseur même des planches. Elle se prolongera en pente douce, depuis G G jusque H H, où elle se nivellera avec le dessus du plateau. Au-dessus de la porte de D en E, on pointera une lame de tôle large seulement de 2 centimètres. Cette lame est nécessaire pour les ruches en paille, elle ne permet pas au *mulot* d'en ronger le cordon inférieur. On agrandit et on rétrécit la porte à volonté au moyen de la plaque en tôle (fig. 7). On fixe cette plaque en avant de la porte avec deux pointes qui s'enfoncent et qui prennent leur point d'appui dans le cordon inférieur de la ruche.

Le plateau doit être incliné sur le devant, pour faciliter l'écoulement des gouttes d'eau qui sort des ruches particulièrement en hiver, et afin que les abeilles aient moins de peine à traîner au dehors, les mouches mortes et autres matières malpropres. Pour établir cette inclinaison, on élève la poutrelle de derrière de 15 millimètres plus haut que celle du devant.

170. — *Transformer la ruche commune en ruche à hausses.*

Cet article ne concerne que les personnes qui voudront remplacer la ruche commune par la ruche à hausses. Cette transformation, qui ne devra s'opérer qu'avec des ruches à vieux gâteaux, est d'une exécution facile.

Au mois de mars, après avoir enfumé les abeilles, on raccourcit les gâteaux de huit à dix centimètres, on passe ensuite un couteau bien aiguisé dans le milieu du cordon qui se trouve au niveau des gâteaux conservés, les liens étant coupés, la partie inférieure de la ruche tombe, on remet celle-ci à sa place et puis on la calfeutre soigneusement. Pour cette première opération, il faut choisir une belle journée, un beau soleil de mars. La seconde opération est aussi facile que la première. Dans les premiers jours de mai, on enlève la ruche avec son plateau et on la pose à terre. On bouche la porte pour empêcher les abeilles de sortir ; on passe ensuite le couteau dans un cordon suffisamment éloigné du sommet de la ruche pour y pratiquer une ouverture circulaire de dix centimètres environ ; avec la pointe du couteau on détache avec précaution, et on enlève la portion coupée, et de suite on recouvre la ruche d'un chapeau vide (164). Quand celui-ci est plein aux trois quarts, on place une hausse par-dessous. Tout le reste se passe comme nous l'avons dit à l'article 26.

On comprend qu'en retranchant les trois ou quatre cordons inférieurs de la ruche, on en diminue la capacité, et qu'on force ainsi les abeilles à bâtir dans le chapeau. Le plateau percé, qui nous a servi pour nourrir les mouches (14), peut encore trouver ici sa place. Mettez-le sur le sommet de la ruche, et posez le chapeau par-dessus, de cette façon, le dessus du plateau se nivellera avec le haut de la ruche, laquelle, sans cette précaution, pourrait s'emboîter dans le chapeau.

Observation. — Quand les ruches ont à leur sommet une poignée en bois qui se prolonge dans l'intérieur, il faut d'abord scier la partie saillante de cette poignée, puis seulement enlever la calotte du sommet.

Avant de travailler sur une ruche pleine, on fera bien de s'exercer sur une ruche vide et sans valeur.

171. — *Les trois sortes d'abeilles.*

En relisant le dernier alinéa de l'article 103, on saura distinguer les trois abeilles figurées sur la planche sous les numéros 9, 10, 11.

TABLE DES MATIÈRES.

PREMIÈRE PARTIE.

DEUXIÈME PARTIE.

TROISIÈME PARTIE.

Fig. 2.

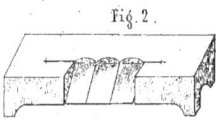

Fig. 6.

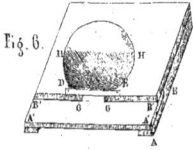

Fig. 7.

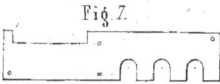

Fig. 4.

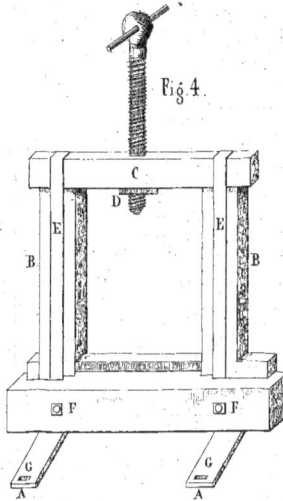

Fig. 1.

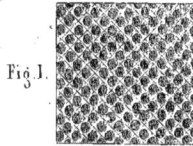

Fig. 5.

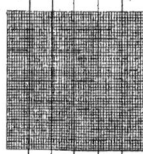

Fig. 8.

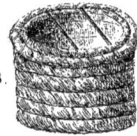

Fig. 3.

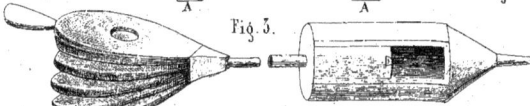

Fig. 11.

Fig. 9.

Fig. 10.

www.ingramcontent.com/pod-product-compliance
Lightning Source LLC
Chambersburg PA
CBHW062224270326
41930CB00009B/1853